Rudolf Kippenhahn
Eins, zwei, drei …
unendlich

Rudolf Kippenhahn

Eins, zwei, drei ... unendlich

Eine Reise an die Grenzen der Mathematik

Mit 65 Abbildungen

Piper
München Zürich

ISBN 978-3-492-04907-8
© Piper Verlag GmbH, München 2007
Gesamtherstellung: Kösel, Krugzell
Printed in Germany

www.piper.de

In memoriam

George Gamow
(1904–1968)

Inhalt

Vorwort 11

1. Unendlich klein, unendlich groß 13
   Die rätselhafte Flasche 13
   Der unendliche Raum und unendlich
      große Zahlen. 16
   Endliche Geschichten vom Unendlichen . . . 18
   Ist Unendlich eine Zahl? 21

2. Große Zahlen bei der Zeit, dem Weizen
   und dem Sand 23
   Warum man die Namen der großen Zahlen
      nicht wissen muß 25
   Die Kurzschrift der Mathematiker 27
   Wie sich ein König verschätzen kann 28
   Das Experiment wird ausgeführt 31
   Das Genie von Syrakus 33

3. Das Unendliche im Griff 37
   Die fernen Zahlen 38
   Wie der junge Gauß addierte 40
   Die Türme von Hanoi 42
   Mengen und ihre Teile 48
   Der Dorfbarbier und sein Problem 49
   Teilmengen 51

4. Unendliche Verrücktheiten 55
   Das verrückte Hotel 55

Wie Tanzlehrer zählen 60
Das Widernatürliche an den natürlichen
   Zahlen 62
Unendliche Mengen sind eben anders 64

5. Brüche über Brüche 69
Ganze Zahlen und ihre Bruchstücke 71
Wie aus einer periodischen Dezimalzahl
   ein Bruch wird 76
Brüche, einer neben dem anderen 77
Warum die Brüche dicht beieinander liegen 78
Wir zählen die Brüche 81

6. Noch unendlicher als unendlich 85
Zahlen zwischen den Brüchen 86
Wie die alten Griechen merkten, daß es
   Zahlen gibt, die keine Brüche sind 88
Alex zieht eine Wurzel 90
Georg Cantor 94
Unendlich viele Unendlichkeiten 99
Noch verrückter 100
Der unendlich ferne Punkt 102

7. Wie man auch mit unendlicher Mühe
   nichts Unendliches erreicht 105
Achill und die Schildkröte 105
Die Mathematik des Eisessens 107
Warum die harmonische Reihe
   ins Unendliche wächst 109
In der Falle 111
Eine komische Reihe 112

8. Die Welt der Dreiecke und Kreise 115
Ein Satz für besondere Dreiecke 116

Das Geheimnis des Kreises 119
Ein rätselhafter Brief aus Indien 126
Das Genie, das aus dem Nichts auftauchte . . . 128
Pi in Gießen und im Internet 131

9. **Kurven, die ins Unendliche gehen** 135
   Wie auf dem Stadtplan 135
   Archimedes und die Parabel 138
   Mehr und mehr Menschen 141

10. **Wie wir das Unendliche sehen** 147
    Die Geometrie des Sauerampfers 148
    Was uns das Auge vormacht 151
    Das Unendliche im Gefangenenlager 157
    Geometrie ist nicht gleich Geometrie 159
    Von der Erdkugel auf die Landkarte 162
    Punkte rutschen auf Punkte 165
    Die Erde als Hohlkugel 170

11. **Im Reich der Dimensionen** 177
    Flächenland 179
    Linienland 181
    Raumland 182
    Gerade, eben oder verbogen? 184
    Die vierte Dimension 188
    Koordinaten in höheren Dimensionen 189
    Die vierdimensionale Geisterwelt 191
    Gespenstische Fußabdrücke 192

12. **Das unendlich Kleine in der Natur** 197
    Zahlenstrahl und Kupferdraht 197
    Warum wir das Kleine nicht sehen können 200
    Schattenbilder 203

Botschaften aus dem Unsichtbaren 205
Warum wir nur unscharf sehen 206
Ein Ausflug in die Welt der Töne 207
Musik und Mathematik 209

13. Das unendlich große Weltall 215
Die Scheibe der Milchstraße 217
Unendlich viele Weltinseln 218
Licht geht durch Raum und
    Weltgeschichte 220
Wenn der Wald vor lauter Bäumen nicht
    zu sehen ist 221
Das Weltall fliegt auseinander 224
Der Blick in die Vergangenheit 226
Warum das Unendliche pechschwarz ist .. 228
Das Unendliche im Bauch 230

Anhang A: Vorsicht bei Reihen, die über
               alle Grenzen wachsen! 231

Anhang B: Pi für Heimwerker 233

Anhang C: Für den, der mehr wissen will
               (Literatur, Internet) 237

Bildquellen 239

Register 241

Vorwort

Im täglichen Leben tritt uns der Begriff des *Unendlichen* nur selten oder gar nicht entgegen. Wir leben nur eine endliche Zeit – wir entfernen uns nie unendlich weit von unserem Geburtsort – und unser Bankkonto ist nicht unerschöpflich. Trotzdem haben sich bereits die Philosophen des Altertums über das Unendliche Gedanken gemacht. In den letzten Jahrhunderten haben die Menschen gelernt, mit Hilfe der Infinitesimalrechnung die Natur zu verstehen. Dieses Teilgebiet der Mathematik beruht auf einer genauen Analyse des Begriffs des Unendlichen. Für die moderne Technik ist die Infinitesimalrechnung unentbehrlich.

Das Buch führt den Leser zwar nicht an die Grenzen der mathematischen Forschung, wohl aber an die unseres Vorstellungsvermögens, und zeigt, daß mathematische Gesetzmäßigkeiten auch dort herrschen, wo unsere Anschauung versagt.

Ich habe für das Buch die Form des Dialogs gewählt, weil ich zuvor bei zwei Kinderbüchern gemerkt habe, daß sich in diesem Schreibstil Fragen, die sich dem Leser aufdrängen, auch dem Gesprächspartner in den Mund legen und vom Autor beantworten lassen.

Natürlich wollte ich nicht oberlehrerhaft wirken. Ob mir das gelungen ist, muß der Leser selbst beurteilen. Bei dem vorliegenden Buch schwebte mir aber kein Kinderbuch vor.

An zwei Stellen gibt es Überschneidungen mit einem meiner früheren astronomischen Bücher: Die esoterischen Ambitionen des Astronomen Karl Friedrich Zöllner habe ich hier im Zusammenhang mit Gedanken über mehrdimensionale Räume behandelt. Auch die Hohlwelttheorie habe ich wieder aufgegriffen, weil in ihr das Unendliche eine besondere Rolle spielt.

Beim Verfassen des Buches hatte ich die Unterstützung meines Freundes, des Göttinger Mathematikers Hans-Ludwig de Vries, der den Text mit mir kritisch durchgegangen ist. Ich danke dem Piper Verlag und vor allem seinem Lektor, Dr. Klaus Stadler, der mich vor nahezu 30 Jahren überredete, ein populärwissenschaftliches Buch zu schreiben. Dem folgten dann mehr als ein Dutzend weitere. Wie bei mehreren meiner Bücher bahnte auch diesmal Hanns Polanetz von der Herstellung des Verlages den Weg vom druckreifen Manuskript zum gedruckten, bebilderten Buch. Joachim Schörken hat mein Manuskript gründlich nach Fehlern durchforstet. Ich danke allen Helfern.

Beim Schreiben war mir der geniale Physiker George Gamow (1904–1968) ein Vorbild, der neben seiner Forschung zahlreiche wissenschaftliche Bücher für Laien geschrieben hat. Leider bin ich ihm nie persönlich begegnet. Ich erweise ihm meine Reverenz, indem ich den Titel des vorliegenden Bandes eng an den seines längst vergriffenen Buches *One, Two, Three ... Infinity (Eins, zwei, drei ... Unendlichkeit)* angelehnt habe.

1. Unendlich klein, unendlich groß

Die rätselhafte Flasche

Die Gespräche, von denen ich berichten werde, hätte es wohl nie gegeben, wäre mir nicht damals auf dem Flohmarkt das Fläschchen aufgefallen. Genau die gleiche Flasche hatte ich vor mehr als einem halben Jahrhundert zu Hause gesehen, da war ich so alt gewesen wie Alex heute. Das Etikett hatte mich schon damals fasziniert. Deshalb konnte ich nun nicht widerstehen, die leere, wertlose Flasche zu kaufen. Sie stand dann monatelang auf der Fensterbank in meinem Arbeitszimmer herum, direkt hinter dem Computer. Meine Frau hatte das alte Stück schon öfters wegwerfen wollen, es gelang mir aber jedesmal, sie davon abzuhalten.

Und dann kam Alex, mein ältester Enkel. Er will einmal am Computer Autos konstruieren, wenn er groß ist. Wir spielen öfters Schach, manchmal miteinander, manchmal gegen den Computer. Als wir wieder einmal gegen ihn verloren hatten, wandte Alex den Blick enttäuscht vom Bildschirm ab, und da fiel ihm das Fläschchen auf.

»Was war da drin?« wollte er wissen.

»Irgendein Haarwasser«, antwortete ich, »aber schau mal auf das Bild.« Er sah sich das bunte Etikett genauer an. Da war ein Zwerg mit Zipfelmütze,

13

der auf eine Flasche schaut. Auch diese Flasche
hatte ein Etikett mit einem Zwerg und einer Flasche,
auf der wieder ein Etikett mit Zwerg und Flasche
war, jetzt sehr viel kleiner. Natürlich hatte auch
diese Flasche ein Etikett, nur kleiner. Nun waren
keine Einzelheiten mehr zu erkennen.

»Da ist in jedem Bild ein kleineres Bild und in dem
wieder ein kleineres«, meinte Alex, »aber bei den
noch kleineren Bildern ist Schluß, dann sieht man
nur noch Gekritzel«, fügte er hinzu.

»In der Druckerei konnten sie die Linien nicht fein
genug drucken«, meinte ich. »Stell dir vor, die Flasche wäre so groß wie ein Haus. Dann wäre das Etikett so groß wie eine Kinoleinwand. Die Flasche auf

Abb. 1.1   Das Etikett der Flasche mit Zwerg und Flasche mit
Zwerg und Flasche mit Zwerg und ...

ihm wäre so groß wie ein Mensch, und auf ihrem Etikett wäre eine Flasche, so groß wie ein kleines Kind. Das Bild auf ihr wäre so groß wie dein Zeichenblock. Wir könnten fortfahren, bis die immer kleiner werdenden Flaschen nicht mehr zu erkennen sind.«

Das gefiel Alex.

»Und wenn Superman im Weltraum ein großes Blatt Papier aufspannen würde, dann könnte er mit einem Zwerg, so groß wie ein Riese, und einer ganz großen Flasche beginnen. Auf der wäre das Bild einer Flasche, und darauf noch eine Flasche und weiter und weiter, bis die Bilder am Ende zu klein werden. Aber auch dann muß es doch dort, wo wir es nicht mehr sehen können, Flaschen mit Bildern geben, auf denen Flaschen und Zwerge sind. Hört das nie auf?«

»Eigentlich nicht«, antwortete ich. »Wenn wir glauben, wir wären endlich bei der kleinsten Flasche, dann könnten wir uns auf ihr wieder ein Etikett vorstellen, auf dem eine noch kleinere Flasche abgebildet ist. In unserer Vorstellung gibt es kein Ende. Es könnte unendlich lange weitergehen.«

Irgend etwas beschäftigte Alex noch. Schließlich rückte er damit heraus:

»Dann könnte ich mir aber auch umgekehrt eine Flasche vorstellen, die auf dem Etikett mit einer noch größeren Flasche abgebildet ist, und diese Flasche könnte auf dem Etikett einer noch größeren Flasche sein. Das kann immer weiter zu unendlich großen Flaschen gehen.« Nach einigem Nachdenken fuhr er fort:

»Ist eigentlich genug Platz dafür da? Ist der Weltraum unendlich groß?«

Der unendliche Raum und unendlich große Zahlen

Der Gedanke ließ Alex keine Ruhe.

»Wenn ich mit einem Raumschiff immer in dieselbe Richtung fliege, muß es doch immer weitergehen. Wenn ich am Ende anstoße, muß ja dahinter noch was sein, aber was denn?«

»Alex, du bist ja ein großer Philosoph! Wenn ich mich recht erinnere, hat der griechische Philosoph Epikur, er lebte 300 Jahre vor Christus, schon damals einen ganz ähnlichen Gedanken gehabt. Er meinte: Wenn das Weltall eine Grenze hätte, hinter der es nichts mehr gibt, dann könnte man von dort eine Lanze über diese Grenze schleudern. Es kann also gar keine richtige Grenze geben.«

Ich konnte Alex am Gesicht ablesen, daß ihm der Vergleich mit dem griechischen Philosophen gefallen hatte.

»Wir werden später auf das Weltall und seine Grenzen zu sprechen kommen, wahrscheinlich ist es unendlich groß. Es gibt aber noch andere Beispiele für unendlich Großes.«

»Was denn, noch etwas, was so groß ist wie das Weltall? Wo soll das denn Platz haben?«

»Nun, zähl mal, vielleicht fallen dir die Namen der großen Zahlen nach den Millionen und Milliarden nicht ein. Du könntest für dich neue Namen dafür erfinden. Du kommst aber beim Zählen nie an ein Ende.«

»Woher weißt du das, hast du schon mal so weit gezählt?« Alex schaute mich spöttisch an.

16

»Nein, dann wäre ich ja heute noch damit beschäftigt.«

»Da hast du es«, triumphierte er, »du redest so daher, hast dich aber gar nicht selbst überzeugt.«

»Ich kann es beweisen, ohne so weit gezählt zu haben. Das ist einer der Tricks, welche die Mathematiker erfunden haben. Sie können Bücher über das Unendliche schreiben, obwohl sie es nicht erreichen können.«

»Das ist dann aber ein ganz schöner Schwindel.«

»Da irrst du dich. Ich werde dir zeigen, woher die Mathematiker wissen, daß es unendlich viele ganze Zahlen gibt. Die Zahlen, die du beim Zählen verwendest, also 1, 2, 3, 4, . . ., heißen *natürliche Zahlen*. Ich will dir beweisen, daß es unendlich viele natürliche Zahlen gibt.

Das machen wir ganz langsam in drei Schritten:

Erster Schritt: Wenn die Reihe der natürlichen Zahlen irgendwo ein Ende hätte, dann gäbe es eine größte Zahl. Okay?« Alex nickte.

»Zweiter Schritt: Wenn ich zwei Zahlen addiere, erhalte ich eine neue Zahl, die größer ist als jede einzelne von ihnen. Einverstanden?«

Alex nickte wieder.

»Dritter Schritt: Wenn es eine größte natürliche Zahl gäbe, könnte ich zu ihr die Zahl 1 addieren. Das Ergebnis wäre dann aber größer als die angeblich größte Zahl, also war sie gar nicht die größte. Mit anderen Worten: Es gibt zu jeder Zahl eine größere, deshalb hat die Folge der natürlichen Zahlen kein Ende.«

In seinem Gesicht konnte ich lesen, daß ich Alex überzeugt hatte.

»Das ist ja genau wie bei meinem Raumschiff am Rand des Weltalls. Wenn ich glaube, ich hätte den Rand erreicht, gibt es etwas dahinter. Wenn ich glaube, die größte Zahl erreicht zu haben, gibt es sofort eine noch größere.«

»Du siehst, daß man etwas über das Unendliche aussagen kann, ohne vorher unendlich lange darüber nachgedacht zu haben. Findest du die Mathematiker nicht toll?«

»Na ja«, meinte Alex, »ganz so toll ist das auch wieder nicht.«

Es war schon spät geworden, und Alex mußte nach Hause. Am nächsten Tag war er nach der Schule wieder pünktlich zur Stelle.

Endliche Geschichten vom Unendlichen

»Das ist typisch für das Unendliche«, sagte ich. »Wir finden es nirgendwo in der Natur, wir können es uns nur vorstellen. Aber so richtig vorstellen können wir es uns auch wieder nicht.«

»So ein Blödsinn! Können wir es uns nun vorstellen oder nicht?«

»Die Antwort ist weder ja noch nein«, sagte ich. »Wir können uns die einzelnen Schritte vorstellen, also Flasche mit Etikett, darauf eine Flasche, darauf ein Etikett, darauf eine Flasche... Jeder einzelne Schritt ist einfach. Das Bild mit allen Flaschen und ihren Etiketten können wir aber auch in Gedanken nicht vor uns sehen. Es ist wie mit dem Zählen. Du beginnst mit der 1 und zählst weiter: 2, 3, 4, ...

Keiner der einzelnen Schritte macht dir irgendwelche Schwierigkeiten. Du weißt, daß du ewig weiterzählen könntest, ohne an ein Ende zu kommen. Die unendliche Folge der Zahlen, die du dabei erhältst, entzieht sich deiner und meiner anschaulichen Vorstellung. Aber wir sind nicht verloren. Wer über das Unendliche nachdenkt, muß nicht unendlich lange grübeln. Unendlich lange während Vorgänge lassen sich manchmal recht kurz beschreiben.«

»Da bin ich aber gespannt.« Alex sah mich mißtrauisch an. Deshalb erzählte ich ihm die folgende Geschichte:

»Sisyphos war nach der griechischen Sage dazu verdammt, in der Unterwelt einen Felsblock auf einen Berg zu wälzen. Aber immer wenn er ihn fast oben hatte, entglitt ihm der Brocken und rollte wieder ins Tal. Da sich der Vorgang ständig wiederholt, so muß der arme Sisyphos noch heute seinen Stein den Hang hinaufrollen, ohne seinem Ziel in den vergangenen Jahrtausenden auch nur ein Stückchen nähergekommen zu sein. Der tragische Held steht vor einer Aufgabe, für die er unendlich viel Zeit benötigt.

Merkst du, daß ich dir jetzt eine Geschichte über das Unendliche mit nur 81 Wörtern erzählt habe? Im übrigen kannst du deinem Computer leicht beibringen, etwas unendlich oft zu wiederholen. Die Befehle, die du ihm dazu geben mußt, sind nur ganz wenige, etwa:

1: Nimm irgendeine Zahl als Anfangszahl,
2: teile sie durch 3,
3: multipliziere das Ergebnis mit 3,

4: nimm das Ergebnis als neue Anfangszahl,
5: geh zurück zu Schritt 2.

Mit diesem Rechenprogramm wird der Computer unendlich lange rechnen, es sei denn, er bricht aus anderen Gründen zusammen. Du siehst, ich kann einen unendlichen Vorgang mit nur fünf Schritten beschreiben.«

Nach einer Weile sagte Alex:

»Jetzt geht bei mir alles durcheinander. Da sind unendlich viele Flaschen mit unendlich vielen Zwergen, die man nicht mehr drucken kann, dann wieder unendlich viele natürliche Zahlen und das unendlich große Weltall. Alles, bei dem du nicht mehr weiterweißt, nennst du unendlich.«

»Da hast du recht, ich sollte das alles besser auseinanderhalten. Beginnen wir mit den Flaschen und den Zwergen. Wir können uns vorstellen, daß auf jeder Flasche ein Etikett ist mit Zwerg und Flasche mit Etikett, Zwerg und Flasche – und so kann es weitergehen. Ich komme schrittweise von einer größeren Flasche zu einer kleineren, und das geht unendlich lange so weiter. Unser Denken hat die Macht, sich das Schritt für Schritt vorzustellen. ›Mächtig‹ heißt lateinisch *potens*, und deshalb spricht man von *potentiell unendlich*. Auch die natürlichen Zahlen stellen wir uns als potentiell unendlich vor, denn wir kommen von jeder Zahl zur nächstgrößeren. Wenn wir vom unendlichen Weltall sprechen, meinen wir potentiell unendlich. Ich kann ja das griechische Bild von der geschleuderten Lanze fortsetzen und mich an den Auftreffpunkt stellen, um von dort die Lanze noch weiter hinaus zu schleudern, und am neuen Auftreffpunkt dasselbe noch einmal machen und so weiter. So nähere ich mich Schritt für Schritt in Gedanken dem Unendlichen des Weltalls, ohne es zu erreichen.

Wir werden aber noch sehen, daß das Unendliche nicht etwas ist, dem wir uns nur schrittweise nähern können. Wir können es uns auch als wirklich existierend vorstellen. Die Mathematiker sprechen dann vom *aktual Unendlichen*.«

Damit war Alex ganz und gar nicht einverstanden.

Ist Unendlich eine Zahl?

»Kannst du mir über das Unendliche nicht mal was erzählen, womit ich was anfangen kann?« Noch ehe ich antworten konnte, fuhr Alex fort: »Wenn ich zähle, gehe ich von einer Zahl zur nächsten, aber ist das, wohin ich nie komme, auch noch eine Zahl?«

»Und was nennst du eine Zahl?«

»Na so was, womit ich rechnen kann, addieren und multiplizieren und so. Oder wenn ich sehen kann, ob eine andere Zahl größer ist oder kleiner.«

Das waren Fragen, über die sich vor 200 Jahren selbst große Mathematiker nicht einig waren. Aber Alex ließ nicht locker:

»Kann denn das, wohin ich beim Zählen nie komme, eine Zahl sein?«

Das war leicht zu beantworten.

»Dividiere die Zahl 1 durch 3.«

»Na, das ist doch kein Problem: 0,333333 . . ., und danach unendlich viele Dreien.«

»Richtig, aber genauer gesagt sind es potentiell unendlich viele Dreien, denn du kannst sie nicht alle hinschreiben, du weißt aber, daß du dich dem wahren Ergebnis deiner Division schrittweise nähern könntest.«

»Na und?« fragte Alex.

»Trotzdem kennst du die Zahl ganz genau, sie ist für dich aktual da, du kannst sie als den Bruch 1/3 schreiben, und du kennst alle ihre Eigenschaften, zum Beispiel, daß die Hälfte von ihr 1/6 ist. Hier hast du ein Beispiel für eine Zahl, die du in der Dezimaldarstellung erst nach unendlich vielen Schritten erreichst. Sie ist aber eine ganz gewöhnliche Zahl, nämlich 1/3, also kleiner als 1. So ist auch Unendlich eine Zahl, die du erst nach unendlich vielen Schritten erreichst, mit der du aber rechnen kannst. Es war erst im 19. Jahrhundert, daß ein Mathematiker, ich werde dir noch von ihm erzählen, seinen Kollegen zeigte, wie man mit dem Begriff ›Unendlich‹ umgeht. Er entdeckte, daß es verschiedene Arten von unendlichen Zahlen gibt, manche größer als andere, manche kleiner.«

»Was? Unendlich und noch größer als unendlich? So was soll es geben?« unterbrach mich Alex. Er war ganz aufgeregt, und ich mußte ihn bremsen.

»Bevor wir uns aber mit dem Reich des Unendlichen vertraut machen, müssen wir uns diesem nähern, und das geschieht über große und noch größere Zahlen.«

2. Große Zahlen bei der Zeit, dem Weizen und dem Sand

»Alles, womit wir jeden Tag zu tun haben, ist endlich, auch die Zeit, die jedem Menschen bleibt«, begann ich, als wir uns am nächsten Tag wieder trafen. »Du bist noch jung, und deine Zeit wird noch lange währen. Ich bin alt, und mir bleibt nicht mehr viel davon. Aber auch nach uns werden Menschen leben, und deren Kinder werden ihre Eltern überleben. Vielleicht wird die Erde irgendwann einmal unbewohnbar sein. Es wird dann niemanden mehr geben, der auf die Uhr schaut. Schließlich werden auch die Tiere aussterben. Aber selbst dann wird die Zeit fortschreiten, und die Erde wird weiter Jahr für Jahr um die Sonne kreisen. Wir können uns nicht vorstellen, daß die Zeit jemals zu Ende gehen wird. Sie scheint bis in eine unendliche Zukunft fortzuschreiten.«

Das schien Alex einzuleuchten, also sagte ich weiter:

»Wenn wir uns schon nicht vorstellen können, daß die Zeit jemals aufhören wird, gibt es sie auch schon unendlich lange?« Alex machte ein nachdenkliches Gesicht, sagte aber nichts.

»Im Geschichtsunterricht hast du gelernt, daß unsere Vorfahren schon vor 100 000 Jahren Waffen aus

Stein benutzten. Vor rund vier Millionen Jahren erschien der Mensch auf der Erde, und noch einmal 100 Millionen Jahre davor beherrschten die Saurier unseren Planeten. Das erste Leben entstand auf der Erde vor etwa $3\frac{1}{2}$ Milliarden Jahren, und die Sonne mit der Erde und den anderen Planeten entstand vor $4\frac{1}{2}$ Milliarden Jahren. Du weißt ja, eine Milliarde ist eine Eins mit neun Nullen. Aber so weit wir in der Zeit auch zurückgehen, stets scheint es eine Welt gegeben zu haben, in der die Zeit ablief. Gab es die Zeit schon immer? Sie hat in der Zukunft kein Ende – kommen wir in der Vergangenheit auch zu keinem Anfang der Zeit?«

»Natürlich«, sagte Alex, »sie kann ja nicht plötzlich angefangen haben. Was soll denn davor gewesen sein?«

»Wir werden noch darauf zurückkommen, denn ganz so einfach ist es nicht.«

Er schaute mich mißtrauisch an, immerhin hatte ich die Antwort auf seine Frage auf später verschoben. Vielleicht aber hatte ich ihm nur zu große Zahlen wie Millionen und Milliarden an den Kopf geworfen.

»Kennst du dich eigentlich mit den großen Zahlen aus?« fragte ich.

»Eigentlich nicht so ganz.«

»Da bist du in guter Gesellschaft, denn die meisten Leute kommen über die Milliarden nicht hinaus. Ich glaube, wir sollten deshalb einmal einen Ausflug in die Welt der großen Zahlen machen, nicht nur zu den Milliarden, sondern auch zu den Billionen und Trillionen und zu noch größeren Zahlen.«

Warum man die Namen der großen Zahlen nicht wissen muß

»Fangen wir mit dem Einfachsten an«, redete ich weiter, »mit der Eins, der Zehn, der Hundert und dem Tausender.« Ich nahm ein Blatt Papier und schrieb:

$$1, 10, 100, 1000, \ldots$$

»Ja, ich weiß«, sagte Alex und fügte, meine Stimme nachahmend, hinzu: »die Zehntausend, die Hunderttausend und die *Million*, die hat dann sechs Nullen, und noch einmal mal drei Nullen ergibt 1 000 000 000, die *Milliarde*.«

»Wunderbar, aber gehen wir noch mal zur Million zurück und fügen ihr sechs Nullen an.« Ich schrieb auf einen Zettel

$$1\,000\,000\,000\,000$$

»Das ist eine *Billion*«, erklärte ich. »Noch einmal sechs Nullen dazu ergibt die *Trillion*«, und ich schrieb

$$1\,000\,000\,000\,000\,000\,000$$

Jetzt wurde der Junge aufmerksam.

»Und weiter?« fragte er, und ich schrieb die *Quadrillion* hin:

$$1\,000\,000\,000\,000\,000\,000\,000\,000$$

und ließ ihr gleich die *Quintillion* folgen:

$$1\,000\,000\,000\,000\,000\,000\,000\,000\,000\,000$$

»Wie soll man sich das merken?« fragte er.

»Eigentlich ist es recht einfach. Es geht um ›-illionen‹. Die bekommen der Reihe nach immer wieder sechs Nullen angehängt. Es beginnt mit der Million und ihren sechs Nullen. Zwei Gruppen zu je sechs Nullen bilden die *Billion*. Das Bi vor der ›llion‹ rührt vom lateinischen Wort *bis* für ›zweimal‹ her. Drei Sechsergruppen von Nullen bilden die *Trillion*, denn lateinisch *tres* heißt drei. Ein Trio ist ein Musikstück für drei Instrumente. Vier Musiker bilden ein Quartett, vom lateinischen *quattuor*, und so kommen wir zur *Quadrillion* mit vier Sechsergruppen von Nullen. Nun kommt die *Quintillion* mit fünf mal sechs Nullen. Denk an ›Quintett‹. So geht es weiter, aber wir brauchen diese Namen eigentlich gar nicht, denn es gibt eine viel bequemere Bezeichnungsweise für große Zahlen. Hatten wir bisher die Sechsergruppen lateinisch abgezählt, so zählen wir jetzt einfach die Nullen selbst. Die Million hat sechs Nullen. Zur Abkürzung schreiben wir die 6 rechts oben klein an eine 10, also 10^6, das ist die *Potenzschreibweise*.«

Ich hatte schon eine Tabelle vorbereitet:

10	Zehn	10^1
100	Hundert	10^2
1 000	Tausend	10^3
10 000	Zehntausend	10^4
100 000	Hundert-tausend	10^5
1 000 000	Million	10^6
10 000 000	zehn Mil-lionen	10^7

. . .

26

1 000 000 000 000	Billion	10^{12}
1 000 000 000 000 000 000	Trillion	10^{18}
1 000 000 000 000 000 000 000 000	Quadrillion	10^{24}
1 000 000 000 000 000 000 000 000 000 000	Quintillion	10^{30}

...

...

»Ganz rechts sind die Zahlen in der Potenzschreibweise. Damit kannst du auch andere große Zahlen, nicht nur solche mit nahezu lauter Nullen darstellen, etwa die Zahl 4 375 996 543. Das ist

$$4{,}375996543 \times 1\,000\,000\,000$$

und in der Potenzschreibweise

$$4{,}375996543 \times 10^9$$

Wir brauchen uns jetzt nicht mehr um die Namen mit ihren -illionen zu kümmern.«

Die Kurzschrift der Mathematiker

Wer die Fläche eines Quadrates von 5 Zentimeter Seitenlänge bestimmen will, rechnet $5 \times 5 = 25$ und weiß, daß es 25 Quadratzentimeter, also 25 cm^2, sind. Wer den Rauminhalt eines Würfels von 5 Zentimeter Kantenlänge bestimmen will, rechnet $5 \times 5 \times 5 = 125$ und weiß, daß es 125 Kubikzentimeter, also 125 cm^3, sind. Zur Abkürzung schreibt man statt 5×5 einfach 5^2 und sagt »5 hoch 2« oder »5 zur zweiten

Potenz«. Für $5 \times 5 \times 5$ schreibt man kürzer 5^3 und sagt »5 hoch 3« oder »5 zur dritten Potenz«.*

»Wozu brauche ich eigentlich die großen Zahlen?« fragte Alex, »für mein Taschengeld sicher nicht, und selbst wenn ich mir später einmal ein Auto kaufen werde, komme ich mit weniger als 50 000 Euro aus. In deiner Sprache also mit weniger als 5×10^4 Euro.«

Dem mußte ich beistimmen. Selbst die Verschuldung unseres Staates macht, in Euro ausgedrückt, nur Billionen aus. Wie sollte ich Alex erklären, wozu wir all jene Zahlen brauchen, die noch sehr viel größer sind? Da fiel mir der Erfinder des Schachspiels ein.

Wie sich ein König verschätzen kann

»Vor mehr als tausend Jahren lebte in Indien ein König mit Namen Shiram, der grausam über sein Volk herrschte. Da wurde ihm hinterbracht, ein Weiser in seinem Land behaupte, der König wäre ohne sein Volk machtlos. ›So ein unverschämter Kerl!‹ rief der König und ließ den Mann gefangennehmen, um

---

* Auch in der Mathematik geht nicht alles konsequent zu: Für den Flächeninhalt des Quadrates sagt man statt 5^2 auch »5 zum Quadrat«. Es fällt aber keinem Mathematiker ein, statt 5^3 etwa »5 zum Würfel« zu sagen.

ihn hinrichten zu lassen. Doch vorher gab er ihm noch eine Chance:

›Wenn es dir gelingt, deine unverschämte Behauptung zu beweisen, lasse ich dich leben.‹ Der Weise erfand daraufhin in seiner Not ein Spiel, bei dem auf einem Brett mit 64 Feldern zwei Könige mit ihren Heeren einander gegenüberstehen und sich bekämpfen.

Die Regeln waren so, daß der König ohne die anderen Figuren, also ohne sein Volk, dem Gegner schutzlos ausgeliefert war. Aus dem Spiel, das ursprünglich *Tschaturanga* hieß, ist unser heutiges Schachspiel entstanden. Der Herrscher war von dem neuen Spiel hellauf begeistert – wahrscheinlich hatte ihn der Weise die ersten Partien gewinnen lassen.

Abb. 2.1   Das Schachbrett mit seinen 64 Feldern

29

Von Hinrichtung war keine Rede mehr. Im Gegenteil, der König wollte ihn königlich belohnen. Dazu stellte er dem Mann einen Wunsch frei, den er ihm sogleich erfüllen würde. Hatte der Herrscher schon gefürchtet, er müßte nun aus seiner Schatzkammer Gold und Edelsteine holen lassen, so wünschte sich der Gefangene nur Weizenkörner, von denen große Mengen in den königlichen Speichern lagerten. Als der König auch noch hörte, wie wenig Weizen der angeblich weise Mann forderte, dachte er: Da komme ich billig davon.

›Leg auf das erste Feld meines Spielbrettes ein Weizenkorn‹, sagte der Gefangene. ›Auf das zweite leg mir bitte zwei, auf das dritte doppelt so viele Körner, also vier. Das mach bitte so weiter, gib mir für jedes Feld doppelt so viele Körner wie für das Feld davor, und das bis zum 64. Feld.‹

Das können höchstens ein paar Säcke Weizen sein, dachte der König und lachte sich ins Fäustchen. Doch als er seinen Oberhofmeister die Weizenkörner abzählen ließ, merkte er bald, daß er mit den königlichen Getreidespeichern die Forderung des Weisen nicht erfüllen konnte. – Wie die Geschichte weiterging, darüber berichtet die Sage nichts.«

Alex hatte aufmerksam zugehört.

»Wieviel Weizen hätte der König denn hergeben müssen?«

»Nun, wir können es ja ausprobieren«, antwortete ich. »Hol das Schachbrett, ich gehe inzwischen in die Küche, dort muß irgendwo eine Tüte mit Weizenkörnern sein.«

30

Das Experiment wird ausgeführt

Alex begann, die Körner auf die Felder meines Schachbrettes zu legen, zuerst ein Korn, dann zwei, vier und acht Körner auf die ersten vier Felder. Da lagen dann insgesamt 15 Körner.

»Weiter!« sagte ich. »Wir wollen die erste Reihe erst einmal vollkriegen.« Also legte Alex auf die Felder Nr. 5, 6, 7 und 8 jeweils 16, 32, 64 und 128 Körner.

»Wir haben insgesamt 255 Körner auf dem Brett. Statt die Zahl der Körner zu berechnen, werden wir die Weizenmenge lieber mit der Waage bestimmen«, schlug ich vor. Wir streuten vorsichtig Körner auf eine Briefwaage.

»Wie viele Körner machen 20 Gramm?«

Alex zählte.

»Genau 420 Stück.«

»Gut, auf ein Gramm gehen also 21 Körner. Dann gehören auf das neunte Feld 256 Körner, das sind etwa 12 Gramm. Zehntes Feld: 24 Gramm, 11. Feld 48 Gramm und so weiter. Auf Feld 16 gehören dann 1536 Gramm, also schon mehr als eineinhalb Kilogramm. Das ist aber erst der Weizen für die ersten zwei Reihen der Felder unseres Schachbretts.«

So fortfahrend berechneten wir den Weizen für jedes Feld. Von nun an bestimmte Alex die Weizenmengen mit dem Taschenrechner. Als wir Feld 21 erreichten, kam er auf knapp 50 Kilogramm, und bei Feld 26 waren es schon mehr als eineinhalb Tonnen. Dabei hatten wir noch nicht einmal die Hälfte der 64 Felder abgearbeitet. Die öde Rechnerei wäre

Alex bald langweilig geworden, wäre er nicht jedes Mal von neuem über die immer größer werdenden Weizenmengen pro Feld erstaunt gewesen. Bei Feld 54 waren es nahezu 430 Millionen Tonnen. Das ist fast das Siebenfache der heutigen jährlichen Weizenproduktion der USA. Kein Wunder also, daß der König den Wunsch des weisen Erfinders nicht erfüllen konnte.

»Wie viele Weizenkörner hätte der König für das letzte Feld hergeben müssen?« wollte Alex wissen.

Ich nahm den Taschenrechner und tippte ein paar Zahlen ein.

»Es ist eine 20stellige Zahl. Ich kann am Rechner nicht alle Stellen ablesen, aber in Potenzschreibweise sind es $9{,}223 \times 10^{18}$ Weizenkörner. Das macht...«, und wieder tippte ich, »$4{,}392 \times 10^{11}$ Tonnen, also 439 Milliarden Tonnen, etwa das 900fache der gegenwärtigen jährlichen Weizenproduktion der Erde – und das allein für das letzte Feld des Schachbretts!«

Ich merkte, daß die Geschichte Alex beeindruckt hatte. Da fuhr ich gleich mit einer anderen fort. Auch in ihr geht es um große Zahlen.

»Stell dir vor, du stehst am Meer. Am Strand siehst du manchmal Sand, der sich endlos weit zu erstrecken scheint. Greife zum Boden, und du hast im Nu Tausende, vielleicht sogar Millionen Sandkörner in der Hand. Auch mitten in der Sahara erblickst du nur Sand, wohin du auch schaust. Was meinst du, sind es endlich oder unendlich viele Sandkörner?«

Zuerst zuckte Alex mit den Schultern, dann antwortete er:

»Endlich«, aber seinem Gesicht konnte ich ansehen, daß er sich nicht sicher war.

»Richtig!« sagte ich. »Aber kannst du es beweisen?« Da mußte er zugeben, daß er nur geraten hatte.

»Vor mehr als 2000 Jahren hat es ein Mathematiker bewiesen.«

So erzählte ich Alex die Geschichte des griechischen Gelehrten Archimedes, der um das Jahr 287 vor Christus in Syrakus auf Sizilien geboren und dort im Alter von 75 Jahren von einem römischen Soldaten ermordet worden ist.

Das Genie von Syrakus

»Der griechische Physiker und Mathematiker Archimedes untersuchte, warum sich mit Hilfe eines Hebels Lasten bewegen lassen, die keiner mit bloßen Händen auch nur um einen Millimeter verrücken kann. Er ist auch der Erfinder des Flaschenzuges. Man erzählt sich, er sei, nachdem er beim Baden in seiner Badewanne das Gesetz des Auftriebs entdeckt hatte, splitternackt durch die Straßen gelaufen und habe lauthals gerufen: ›Heureka, heureka!‹, auf deutsch: ›Ich habe es gefunden!‹ Im Jahr 212 vor Christus eroberten die Römer die Stadt Syrakus. Damals soll Archimedes im Garten seines Hauses geometrische Figuren in den Sand gezeichnet haben. Einem römischen Legionär rief er zu: ›Störe meine Kreise nicht!‹ Darauf habe der Soldat den großen Mann mit seinem Schwert getötet.«

»Und was hat der splitternackte Mann mit den großen Zahlen zu tun?« wollte Alex wissen.

»Ich werde noch öfters auf die großartigen mathematischen Leistungen des Archimedes zurückkommen. Jetzt aber will ich von seiner Schrift *Der Sandrechner* erzählen, in der er nachwies, daß so manches, was die Menschen als unendlich ansehen, in Wahrheit endlich ist. Er schrieb darin an Gelon, den Königssohn von Syrakus: ›Manche Leute, mein Kronprinz Gelon, glauben, die Zahl des Sandes sei von unbegrenzter Größe. Ich meine nicht die des um Syrakus und sonst noch in Sizilien befindlichen Sandes, sondern auch des Sandes auf dem ganzen festen Lande, dem bewohnten und unbewohnten. Andere gibt es wieder, die diese Zahl zwar nicht als unbegrenzt ansehen; sondern sie meinen, es sei noch niemals eine so große Zahl genannt worden, daß sie die Sandzahl übertrifft.‹

Archimedes hatte sich eine Schreibweise für große Zahlen ausgedacht, ähnlich der unserer Potenzschreibweise [vgl. Seite 26], mit der er große Zahlen ausdrücken konnte. Damit berechnete er die Anzahl der Sandkörner, die das Volumen der ganzen Erdkugel ausfüllen könnten. Mehr Sand kann es ja nicht geben. Es war eine endliche Zahl. Dem fügte er noch die Zahl der Körner hinzu, die nötig wären, sogar das ganze Weltall, oder das, was man damals dafür hielt, zu füllen, und auch diese Zahl war endlich.

Wiederholen wir Archimedes' Sandrechnung für eine mit Sand gefüllte Erdkugel. Ich habe irgendwo gelesen, daß ein Zehnliter-Eimer 35 Millionen Sandkörner faßt. Nachgeprüft habe ich es nicht. Die Erdkugel umschließt ein Volumen von etwa 8×10^{23} Liter. Dann passen in eine Kugel von der Größe der

Erde nahezu 3×10^{31} Sandkörner, also eine 3 mit 31 Nullen. Das ist zwar eine große, aber endliche Zahl.

Natürlich gibt es sehr viel weniger Sandkörner auf der Erde, denn in ihrem Inneren ist die Erde heiß und flüssig. Die Erdkugel ist also nicht bis zum Mittelpunkt mit Sand ausgefüllt. Wie auch immer, die Zahl der Sandkörner auf der Erde ist endlich. Aber das steht schließlich schon bei Archimedes.«

Für Alex war es inzwischen Zeit geworden, nach Hause zu gehen.

3. Das Unendliche im Griff

»Am einfachsten näherst du dich dem Unendlichen beim Zählen, also mit der Reihe der natürlichen Zahlen«, sagte ich zu Alex am nächsten Tag.

»Und irgendwo ganz hinten kommt dann Unendlich?«

»Es soll im Urwald noch Eingeborenenstämme geben, deren Fähigkeiten dort stehengeblieben sind, wo unsere Vorfahren vor Tausenden von Jahren waren. Beim Zählen geht es uns eigentlich nicht viel anders als ihnen. Sie können zwar bis 10 zählen, darüber hinaus aber verlieren sie die Übersicht und nennen alles, was größer ist, ›viele‹. Dieses ›viele‹ ist eine recht merkwürdige Zahl, denn wer 15 Bananen hat, also ›viele‹, und eine weitere dazubekommt, für den sind das alle zusammen wiederum ›viele‹. Für ihn gilt also:

$$viele + 1 = viele$$

Für die Zahl ›viele‹ des Urwaldmannes gelten recht merkwürdige Rechenregeln. Rechnen wir 15 + 15 = 30, so lautet das für ihn:

$$viele + viele = viele.«$$

Alex grinste, doch ich machte weiter:

»Wir, die wir über die 10 hinaus zählen können, dürfen uns aber nicht für viel besser halten. Dort, wo der Urwaldmann zu zählen aufhört, setzt er eine

Zahl obendrauf, die er ›viele‹ nennt. Wir, die wir zwar endlos weiterzählen können, kommen zu keiner größten Zahl. Wir setzen daher für das Ende des Zählens, das wir nie erreichen, ›unendlich‹. Und für ›unendlich‹ gelten merkwürdige Rechenregeln.«

Die fernen Zahlen

»Über dieses ›unendlich‹ weiß ich gar nichts«, sagte Alex, »ich bräuchte ja schon unendlich lange, um beim Zählen dorthin zu kommen. Wie soll ich dann etwas darüber wissen?«

»Nun, ich habe bewiesen, daß es unendlich viele natürliche Zahlen gibt [vgl. Seite 17]. Habe ich dazu unendlich lange zählen müssen? Ich mußte nicht bis über die Trillionen oder Quintillionen hinausgehen, um etwas über ›unendlich‹ zu erfahren.

Die Mathematiker machen es sich noch einfacher. Sie führen Buchstaben für die Zahlen ein. Sie sagen zum Beispiel: ›Denken wir uns eine Zahl n.‹ Das n kann dann irgendeine Zahl sein, wir sagen, es ist eine *allgemeine Zahl*.«

»Das haben wir auch schon gelernt. Das n kann 5 sein oder 10 oder 20 Trillionen.«

»Richtig, das n hat ja gar nichts mit dem Alphabet zu tun, du könntest auch irgendein anderes Zeichen nehmen. Du kannst zum Beispiel eine natürliche Zahl nehmen und sie meinetwegen auch Frosch nennen. Wie hieße dann die nächsthöhere natürliche Zahl?«

»So ähnlich hat schon unser Mathelehrer gefragt, und Olaf, der Streber in der Klasse, wußte die Antwort. Nach einer Weile habe ich es dann auch begriffen. In deinem Fall ist die nächsthöhere natürliche Zahl Frosch + 1. Aber was soll das Ganze, kann ich mit Frosch oder mit deinem n mehr über die unendlich vielen Zahlen erfahren?«

Alex wurde ungeduldig, aber er mußte mir schon noch ein wenig zuhören:

»Wir beweisen jetzt noch einmal, und diesmal mit allgemeinen Zahlen, daß es unendlich viele natürliche Zahlen gibt.

Nehmen wir an, es gäbe eine größte. Sie heiße jetzt n. Dann ist $n + 1$ eine größere natürliche Zahl. Es gibt also zu jeder natürlichen Zahl eine größere, und zu ihr noch eine größere, und das geht ohne Ende so weiter. Also gibt es unendlich viele natürliche Zahlen. Das habe ich bewiesen, ohne zu Milliarden und höheren Zahlen gehen zu müssen.

Wenn ich etwas für die allgemeine Zahl n bewiesen habe, dann habe ich es für alle, also für unendlich viele Zahlen bewiesen. Die Verwendung von allgemeinen Zahlen ist ein Trick der Mathematiker, das Unendliche zu bändigen. Ich werde dir gleich ein anderes Beispiel zeigen, bei dem du siehst, wozu die allgemeinen Zahlen gut sind.«

Daraufhin erzählte ich Alex von dem Schuljungen, der später ein großer Mathematiker geworden ist.

Wie der junge Gauß addierte

»Carl Friedrich Gauß wurde 1777 in Braunschweig geboren, er starb 1855 in Göttingen. Von seinen ersten Schuljahren erzählt man sich folgende Geschichte: Eines Tages wollte der Lehrer während der Unterrichtsstunde etwas im Lehrerzimmer erledigen. Deshalb mußte er die Kinder in der Klasse für einige Zeit beschäftigen. Er stellte ihnen die Aufgabe, die natürlichen Zahlen von 1 bis 100 zu addieren. Er dachte, dazu würden sie eine Weile brauchen. Die Schüler begannen sofort: 1 + 2 + 3 + ... und so weiter. Aber noch ehe der Lehrer die Klasse verlassen hatte, meldete sich der kleine Carl Friedrich und rief: ›5050‹. Der Lehrer war völlig überrascht, denn das war richtig. Wie hatte der Junge so rasch die hundert Zahlen addiert? ›Wie hast du das gerechnet?‹ fragte er, und der Junge zeigte ihm seine Schiefertafel, denn damals schrieben die Schulkinder mit einem Griffel auf Tafeln aus Schiefer. Er hatte die Zahlen von 1 bis 100 nicht alle hingeschrieben, sondern nur die ersten und die letzten auf die Tafel gekritzelt. In der Zeile darunter dasselbe noch einmal, aber in umgekehrter Reihenfolge. Das sah so aus:

$$
\begin{array}{r}
1 + \quad 2 + \quad 3 + \ldots + \quad 98 + \quad 99 + 100 \\
100 + \quad 99 + \quad 98 + \ldots + \quad 3 + \quad 2 + \quad 1 \\
\hline
101 + 101 + 101 + \ldots + 101 + 101 + 101 \\
= 100 \times 101 = 10100
\end{array}
$$

Dann addierte er einzeln die übereinander stehenden Zahlen. Das Ergebnis war jeweils 101, die gesamte Summe also 100 mal 101 = 10100. Der Junge hatte mit seinem Trick die Zahlen von 1 bis 100 im Nu zweimal zusammengezählt und damit das Doppelte des vom Lehrer gewünschten Ergebnisses erhalten. Die Antwort war daher: Die Hälfte von 10100, also 5050.«

Alex schaute überrascht.

»Der Trick, den der Junge für die Summe der Zahlen bis 100 benutzt hatte, funktioniert auch bei anderen Summen«, erzählte ich weiter. »Machen wir, was der kleine Gauß für die Summe der Zahlen von 1 bis 100 machte, aber jetzt für die Summe aller natürlichen Zahlen von 1 bis n.

Du schreibst die Zahlen von 1 bis n mit Pluszeichen in eine Zeile und darunter noch einmal in umgekehrter Reihenfolge. Dann zählst du zusammen, so wie wir es oben für die Zahlen von 1 bis 100 gemacht haben. Wir erhalten n mal die Einzelsummen $n + 1$, also ist die Summe beider Zeilen $n \times (n + 1)$. Du weißt, was die Klammern bedeuten?«

»Natürlich, erst muß man das in der Klammer ausrechnen und dann das andere – weiß doch jeder.«

So konnte ich weitermachen: »Die Summe einer Zeile ist also die Hälfte davon, also $1/2 \times n \times (n + 1)$.

Unsere Formel gilt jetzt aber für jede natürliche Zahl n. Nehmen wir zum Beispiel für n die Zahl 531, dann wird die Summe $1/2 \times 531 \times 532 = 141246$. Die Formel gilt auch für Quintillionen, für die allein du sonst lange brauchen würdest, nur um sie zweimal hinzuschreiben.

Die Zahlen, die unsere Formel für die Summen lie-

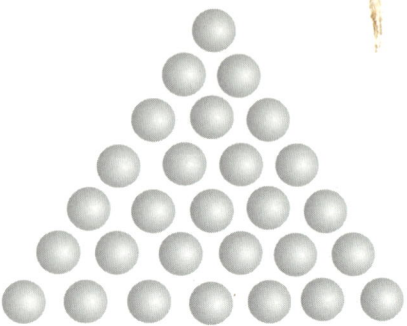

Abb. 3.1 Um Kugeln zu einem gleichseitigen Dreieck von n Kugeln (in der Abbildung sind es 7) pro Seite anzuordnen, sind 1/2 × n × (n + 1) (in der Abbildung 28) Kugeln nötig.

fert, sind noch aus einem ganz anderen Grund interessant. Sie treten auch auf, wenn du gleichgroße Kugeln zu einem gleichseitigen Dreieck anordnen willst. Es werden etwa die Kugeln so angeordnet: Jede Seite des Dreiecks besteht aus sieben Kugeln [vgl. Abb. 3.1]. Die Gesamtzahl der Kugeln ist die Summe der Zahlen von 1 bis 7, also 28. Deshalb nennt man diese Zahlen auch *Dreieckszahlen*.«

Die Türme von Hanoi

Wie wichtig der Trick mit den allgemeinen Zahlen ist, wollte ich Alex auch noch an einem anderen Beispiel vorführen.

»Es gibt ein Spiel mit dem merkwürdigen Namen ›Die Türme von Hanoi‹.«

»Ist Hanoi nicht irgendwo eine große Stadt?«

»Ja, sie liegt im Fernen Osten, in Vietnam. Bei dem Spiel hast du eine Anzahl von Scheiben verschiedener Größe. Du kannst Münzen als Scheiben verwenden, etwa die für zwei und einen Euro und die für fünf, zehn und einen Cent. Dazu hast du auf der Tischplatte drei Plätze, auf denen du die Scheiben zu Türmen aufeinandersetzen sollst. Wir nennen diese drei Stellen A, B und C [vgl. Abb. 3.3].

Abb. 3.2   Die Münzen für die Türme von Hanoi

Am Anfang liegen alle Münzen auf Platz A übereinander, der Größe nach geordnet, zwei Euro unten, darüber die zweitgrößte und so weiter. Ganz oben liegt der Cent. Die Plätze B und C sind noch leer. Die Aufgabe besteht darin, auf einem der freien Plätze aus den Scheiben des Turmes bei A Schritt für Schritt einen neuen Turm aufzubauen, bei dem wieder alle Scheiben der Größe nach so liegen wie in der Ausgangsstellung. Du darfst bei jedem Schritt immer nur eine einzige Scheibe bewegen, du kannst sie aber von jedem Platz auf jeden anderen legen, notfalls auch wieder zurück auf A. Aber niemals darf eine größere Münze auf einer kleineren zu liegen kommen, auch zwischendurch nicht. Wie viele Schritte sind nötig?«

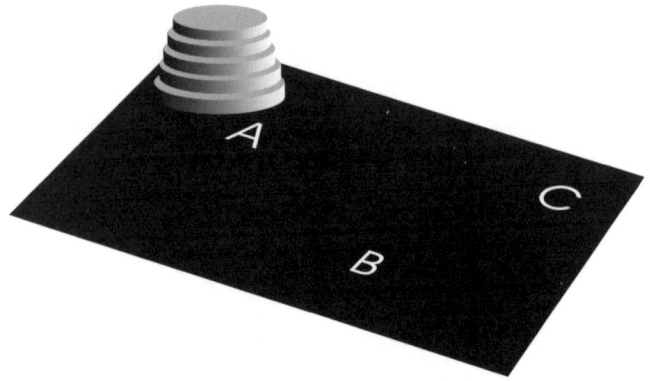

Abb. 3.3 Die Anfangsstellung des Türmespiels

»Na, das hängt doch davon ab, wie viele Scheiben ich habe«, sagte Alex, »je mehr Scheiben, um so länger muß ich sie hin und her bewegen.«

»Richtig, bei einer einzigen Scheibe ist es ganz einfach. Ich nehme sie von Platz A und lege sie auf Platz B. Ich könnte sie auch auf Platz C legen. In jedem Fall habe ich die Aufgabe mit einem Schritt gelöst. Auch bei zwei Scheiben ist es einfach: Ich nehme die obere Scheibe von A und lege sie nach B. Die andere Scheibe von A darf ich aber nicht auch nach B legen, denn sie ist größer als die bereits dort liegende. Also lege ich sie nach C, das war der zweite Schritt. Nun muß ich im dritten Schritt nur noch die bei B liegende Scheibe nach C legen. Dann habe ich den Turm, der anfangs bei A lag, ab- und auf Platz C wieder aufgebaut. Dazu benötigte ich drei Schritte.«

»Da siehst du, was das für ein einfaches Spiel ist, so richtig ein Spiel für Dumme!« rief Alex geringschätzig.

»Warte nur, es wird noch kompliziert genug werden«, sagte ich. »Wie viele Schritte sind nötig, wenn der Turm am Anfang aus n Scheiben besteht? Du weißt, n kann irgendeine natürliche Zahl sein, vielleicht sogar eine Milliarde. Was wissen wir bis jetzt? Für $n = 1$ benötigen wir nur einen Schritt, für $n = 2$ brauchen wir drei Schritte. Wieviel werden es bei drei Scheiben, also bei $n = 3$ sein? Wollen wir probieren?«

Auf Platz A legte ich drei Münzen, der Größe nach geordnet, die größte ganz unten. Dann ließ ich Alex probieren. Es war nicht einfach, denn die Bedingung, daß niemals, auch nicht zwischendurch, eine größere Münze über einer kleineren liegen darf, schränkt die Möglichkeiten stark ein. Schließlich hatte er den Turm auf Platz B aufgebaut. Ich verrate hier seinen Lösungsweg. Er schaffte es in sieben Schritten:

> Schritt 1: von A nach B
> 2: von A nach C
> 3: von B nach C
> 4: von A nach B
> 5: von C nach A
> 6: von C nach B
> 7: von A nach B

»Also je mehr Scheiben, das heißt, je größer n, um so mehr Schritte sind nötig.« Ich faßte zusammen:

> bei $n = 1$ 1 Schritt
> bei $n = 2$ 3 Schritte
> bei $n = 3$ 7 Schritte

»Kannst du dir vorstellen, wie es weitergeht?« fragte ich. Alex schaute mich etwas ratlos an.

»Na, ich will dir helfen: Zähl zu jeder Schrittzahl 1 dazu. Dann haben wir 2, 4, 8. Ich will sie *Hilfszahlen* nennen. Fällt dir an ihnen etwas auf, wie könnte die nächste Hilfszahl heißen?«

»Jede ist doppelt so groß wie die vorangehende, also ist die nächste vielleicht 16.«

»Da unsere Schrittzahlen um 1 kleiner sind als die Hilfszahlen, würde das bedeuten, daß für $n = 4$ insgesamt 15 Schritte nötig sind. Das legt es nahe, daß wir die Schrittzahl für n Scheiben dadurch erhalten, daß wir n Mal nacheinander die 2 mit sich multiplizieren müssen, um die Hilfszahl zu bekommen. In der Potenzschreibweise ist die Hilfszahl bei n Scheiben also 2^n und die Zahl der Schritte $2^n - 1$.

Für $n = 1, 2$ und 3 erhalten wir mit dieser Formel tatsächlich die Schrittzahlen 1, 3, und 7. Für $n = 4$ erhalten wir 15 Schritte, aber ob das richtig ist, wissen wir noch nicht. Jetzt aber werde ich dir beweisen, daß unsere Formel für alle n gilt, auch für n gleich einer Milliarde und für noch größere Zahlen.«

»Da bin ich aber gespannt«, warf Alex ein.

»Wir nehmen zuerst an, wir haben es für n Scheiben bewiesen. Tatsächlich haben wir uns für den Fall $n = 3$ schon davon überzeugt. Ich will dir jetzt zeigen, daß unsere Formel, wenn sie für n Scheiben gilt, auch für $n + 1$ Scheiben richtig ist.

Wir beginnen also mit einem Turm aus $n + 1$ Scheiben auf Platz A, der Größe nach geordnet. Zuerst betrachten wir nur die oberen n Scheiben. Für n Scheiben gilt unsere Formel. Wir wissen also, daß wir diese Scheiben in $2^n - 1$ Schritten an einen andern Platz auftürmen können, sagen wir auf Platz B. Dann ist bei A aber noch die größte Scheibe übrig. Die setzen wir auf Platz C, und damit liegt sie richtig. Insgesamt haben wir bis jetzt 2^n Schritte ausgeführt. Noch aber haben wir auf Platz B einen Turm, der aus n Scheiben besteht. Wir wissen bereits, daß wir ihn in $2^n - 1$ Schritten auf C setzen können. Damit ist die Aufgabe gelöst. Wir benötigten $2^n - 1$ plus 2^n Schritte, also insgesamt:

$$2^n + 2^n - 1 = 2 \times 2^n - 1 = 2^{n+1} - 1$$

Damit haben wir bewiesen: Wenn unsere Regel für n Scheiben gilt, ist sie auch für $n + 1$ Scheiben richtig. Da wir wissen, daß sie für $n = 3$ stimmt, ist sie auch für $n = 4$ richtig. Da sie für $n = 4$ richtig ist, gilt sie auch für $n = 5$. Somit haben wir unsere Regel, nach der für n Scheiben $2^n - 1$ Schritte benötigt werden, für alle natürlichen Zahlen bewiesen. Merkst du, daß wir schon wieder etwas für unendlich ferne Zahlen bewiesen haben, ohne unendlich lange zu probieren und zu prüfen?«

Ich hatte das Gefühl, daß ich Alex damit beeindruckt hatte. Er tippte auf seinem Taschenrechner, dann rief er:

»Bei 17 Scheiben sind es 131 071 Schritte!«

»Die Mathematiker nennen diese Beweismethode die *vollständige Induktion*«[*], sagte ich. »Man versucht durch Probieren mit kleinen Zahlen eine Re-

---

[*] Wer die vollständige Induktion in Bereichen anzuwenden versucht, in denen ihre Voraussetzungen nicht erfüllt sind, muß aber vorsichtig sein: 1. In einem vollen Koffer seien auch n Taschentücher. 2. In einen vollen Koffer mit n Taschentüchern kann man immer noch das $(n+1)$te Taschentuch hineinquetschen. 3. Also gehen in einen Koffer unendlich viele Taschentücher.

gel zu erraten, um dann zu zeigen, daß sie, wenn sie für n gilt, auch für $n + 1$ richtig ist.

Morgen werde ich ein anderes Beispiel zeigen. Es handelt von Mengen und ihren Teilmengen.«

Mengen und ihre Teile

Am nächsten Nachmittag nach der Schule kam Alex zu mir. Ich konnte ihm ansehen, daß er mir etwas Erfreuliches mitteilen wollte.

»Ich habe gestern abend noch mit dem Türmespiel herumprobiert. Ich kann es jetzt auch mit 5 Münzen. Dafür brauche ich 31 Schritte. Das stimmt auch mit deiner Regel überein: $2^5 - 1 = 32 - 1 = 31$.«

»Da siehst du, wie gut unser Beweis ist. Probier es doch einmal mit einer Quintillion von Münzen. Ich garantiere dir, meine Formel stimmt auch da.«

Alex wußte, daß ich das nicht ernst gemeint hatte. Dann fuhr ich fort:

»Ich will heute noch ein anderes Beispiel bringen. Dazu muß ich aber zuerst etwas weiter ausholen. Weißt du, was eine *Menge* ist?«

»Natürlich, wir bekommen fast jeden Tag eine Menge Schulaufgaben.«

»Nein, ich meine, was die Mathematiker darunter verstehen.«

»Ach ja, ich erinnere mich, in der Schule waren die irgendwann dran. Da haben wir auf ein Blatt Äpfel und Birnen und auch Bananen gemalt und Linien drumherum. Das waren dann Mengen. Wir haben das aber später nicht mehr gebraucht, und ich habe es wieder vergessen.«

48

»Dann will ich deine Erinnerung etwas auffrischen, denn so nutzlos, wie es dir scheint, sind Mengen nicht, vor allem nicht, wenn wir uns mit dem Unendlichen befassen wollen. Eine Menge ist eine Gesamtheit von Dingen.«

»Also wieder Äpfel und Birnen?«

»Meinetwegen. Die Dinge, die eine Menge enthält, nennen wir ihre *Elemente*. Mit dem, was man außerhalb der Mathematik als Elemente bezeichnet, etwa die chemischen Elemente, hat das nichts zu tun. Nehmen wir etwa die Menge der Schüler einer Klasse: Jede Schülerin, jeder Schüler ist ein Element dieser Menge. Wichtig dabei ist, daß genau festliegt, welche Elemente zur Menge gehören und welche nicht. Im Fall der Menge der Schüler eurer Klasse gehört der Lehrer nicht dazu, auch die Schüler von der Oberklasse nicht.«

Alex schaute gelangweilt. »Es ist ja wohl klar, wer zu unserer Klasse gehört und wer nicht.«

Der Dorfbarbier und sein Problem

»Bei eurer Klasse mag das einfach sein, in anderen Fällen ist keinesfalls klar, ob ein Element zu einer Menge gehört oder nicht.«

Alex schaute mich fragend an. »Zur Menge der Äpfel gehören doch alle Äpfel und nichts anderes. Was ist da so schwierig?«

»Ich will dir ein Beispiel nennen, bei dem nicht klar ist, was zur Menge gehört und was nicht: Früher haben die meisten Männer sich nicht selbst rasiert, sondern sind dazu zum Friseur gegangen.

Abb. 3.4 Der Barbier rasiert alle Männer im Dorf, die sich nicht selbst rasieren. Wer rasiert ihn?

Ganz früher war es der Dorfbarbier, der sie rasierte.«

»Und was hat dein Dorfbarbier mit einer Menge zu tun?«

»Er mußte die Menge aller Männer des Dorfes rasieren, die sich nicht selbst rasierten. Die Menge der Männer, die sich selbst rasieren, rasierte er nicht.«

»Na und?«

»Sag mal, rasiert der Dorfbarbier sich eigentlich selbst?« Alex dachte nach, und an seinem Gesicht konnte ich erkennen, daß er die Schwierigkeit erkannt hatte.

»Du hast recht«, sagte er. »Wenn er sich selbst rasiert, dann gehört er zur Menge der Männer, die sich selbst rasieren, und er darf sich nicht selbst rasieren. Wenn er sich nicht rasiert, dann gehört er zur Menge der Männer, die sich nicht selbst rasieren, und er muß sich selbst rasieren.«

»Du siehst, die Menge der Männer, die vom Dorfbarbier rasiert werden müssen, ist unbestimmt. Sie
ist also keine richtige Menge, weil nicht klar ist, ob
das Element Dorfbarbier zu ihr gehört oder nicht.
Aber bleiben wir bei den Mengen, bei denen kein
Zweifel besteht, welche Elemente zu ihnen gehören
und welche nicht.«

Teilmengen

»Jede Menge besitzt Teilmengen«, sagte ich, »das
heißt Mengen, die aus einigen Elementen der ursprünglichen Menge bestehen. So hat zum Beispiel
die aus den vier Buchstaben A, B, C, D bestehende
Menge Teilmengen, die ein, zwei und drei ihrer Elemente enthalten.

Wir schreiben die Elemente der Teilmengen je-
weils in Klammern: (A), (B), (C), (D), (AB), (AC),
(AD), (BC), (BD), (CD), (ABC), (ABD), (ACD),
(BCD). Die Mathematiker zählen auch noch die Gesamtmenge zu den Teilmengen, also $(ABCD)$, hinzu
und die Menge, die nichts enthält, die ich einfach mit

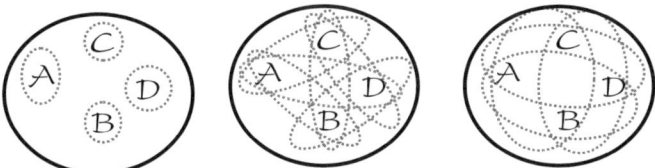

Abb. 3.5 Die aus den vier Elementen A, B, C und D
bestehende Menge besitzt vier Teilmengen aus je einem Element (links), sechs aus je zwei (Mitte) und vier Teilmengen aus
je drei Elementen (rechts).

einer Klammer schreiben will: (). Sie nennen () die *leere Menge*. Die Menge aus 4 Elementen hat also insgesamt 16 Teilmengen. Wie viele Teilmengen hat nun aber eine aus n Elementen bestehende Menge?

Wir denken uns der Einfachheit wegen einmal eine Menge aus zwei Elementen, etwa aus einem Apfel und einer Birne. Wie viele Untermengen hat sie?«

»Na, wie du sagst, die leere Menge und die Menge selbst, macht 2. Dazu kommen zwei Mengen, die eine, die nur den Apfel enthält, und die andere mit der Birne, macht nochmal 2, also insgesamt 4 Teilmengen.«

»Richtig«, sagte ich. »Jetzt nehmen wir drei Elemente, zu Apfel und Birne noch eine Kirsche. Wir haben also wieder die leere Menge () und die Gesamtmenge (Apfel-Birne-Kirsche). Dann haben wir drei Teilmengen, die jeweils zwei Elemente enthalten: (Apfel-Birne), (Apfel-Kirsche) und (Birne-Kirsche). Dazu kommen die drei Teilmengen, die nur ein Element enthalten: (Apfel), (Birne) und (Kirsche). Das sind insgesamt 8 Teilmengen. Okay?«

Alex war zufrieden.

»Jetzt wissen wir:

> 1 Element: 2 Teilmengen
> 2 Elemente: 4 Teilmengen
> 3 Elemente: 8 Teilmengen

Wie geht es weiter?«

Alex dachte nach, dann sagte er: »4 Elemente: 16 Teilmengen, das hatten wir schon, und 5 Elemente: 32 Teilmengen? Habe ich recht, daß sich die Anzahl der Teilmengen mit jedem neuen Element verdoppelt?«

»Auf jeden Fall stimmt das für die Mengen bis zu vier Elementen. Wir werden jetzt versuchen, deine Vermutung durch vollständige Induktion für alle Anzahlen von Elementen zu beweisen.«

»Na, dann fang mal an!«

»Wir nehmen an, deine Regel wäre richtig für die Menge von n Elementen. Jetzt nehmen wir zur Menge noch ein weiteres Element hinzu, so daß sie $n + 1$ Elemente enthält. Jede der alten Teilmengen ist auch jetzt Teilmenge. Nun fügen wir jeder dieser Mengen das neue Element hinzu, das sind jetzt noch einmal so viele neue Teilmengen. Wir haben also durch Hinzufügen eines Elements die Anzahl der Teilmengen verdoppelt. Damit haben wir deine Regel bewiesen. Beachte, daß wir wieder etwas für unendlich viele Fälle bewiesen haben. Die Zahl der Elemente kann noch so groß sein, Milliarden, Quintillionen oder mehr, stets gilt deine Regel: Enthält die Menge n Elemente, dann hat sie 2^n Teilmengen, und für n können wir jede der unendlich vielen natürlichen Zahlen nehmen.«

Alex grinste. »Damit haben wir das Unendliche im Griff.«

53

4. Unendliche Verrückt-heiten

»Langsam, langsam«, bremste ich ihn, »du wirst noch manche Überraschung erleben, denn der Begriff ›unendlich‹ ist recht merkwürdig. Was meinst du, wie es in einem Hotel zugeht, das unendlich viele Zimmer hat?«

Das verrückte Hotel

Alex schaute verdutzt. Was sollte denn das schon wieder?

»Stell dir ein Hotel vor, wie den Goldenen Löwen gleich um die Ecke. Es gibt dort 22 Gästezimmer.

Abb. 4.1 Der Flur des Hotels mit unendlich vielen Zimmern

Nehmen wir an, alle Zimmer seien besetzt. Da ruft jemand an und will auch noch übernachten. Was macht der Portier?«

»Er muß den Gast abwimmeln.«

»Wir können uns«, sagte ich, »auch größere Hotels vorstellen, solche mit 100, 1000 oder einer Milliarde Zimmern. Solange die Anzahl der Zimmer endlich ist, kann kein weiterer Gast in das voll belegte Hotel aufgenommen werden.

Jetzt stell dir aber ein Hotel vor, das unendlich viele Zimmer hat. Wenn du dort den Flur entlanggehst, zählst du die Zimmernummern 1, 2, ... und kommst nie an ein Ende der Zimmerflucht. Nehmen wir an, alle Zimmer seien besetzt. Nun fragt spätabends noch ein Gast nach einem Zimmer. Was macht der Portier?«

»Er muß den Gast auch abwimmeln.«

Abb. 4.2 Umzug im unendlichen Hotel

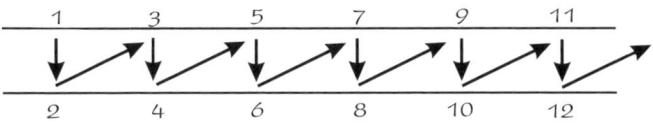

Abb. 4.3 Platz für den neuen Gast!

»Nein, der Gast wird sein Zimmer bekommen. Der Portier ruft Zimmer 1 an und bittet den Gast, nach Nummer 2 zu ziehen. Dessen Bewohner schickt er nach Nummer 3 und den Gast von Nummer 3 nach Nummer 4. So geht die Reihe der Umzüge weiter. Jeder Gast zieht in das Zimmer mit der nächsten Nummer. In Zimmer 1 aber kann der Neuankömmling es sich nun bequem machen. Obwohl das Hotel ausgebucht war, findet der neue Gast noch ein Bett. Da siehst du, daß es in einem Hotel mit unendlich vielen Zimmern anders zugeht als im Goldenen Löwen. Angeblich hat sich das Beispiel vom Hotel der Göttinger Mathematiker David Hilbert [vgl. auch Seite 194 f.] ausgedacht, der von 1862 bis 1943 lebte, als er in einem Hotel auf seinen Kollegen Georg Cantor, von dem wir noch hören werden, wartete. Deshalb wird das Hotel mit unendlich vielen Zimmern auch *Hilberts Hotel* genannt.«

»Und wozu ist solch ein unendliches Hotel, das es gar nicht gibt, gut?« wollte Alex wissen.

»Du siehst an ihm, daß die Zahl ›unendlich‹ eben ganz andere Eigenschaften hat als jede endliche Zahl. Was für den Urwaldmann die Zahl ›viele‹ ist, das ist für uns die Zahl ›unendlich‹:

$$\text{unendlich} + 1 = \text{unendlich.}«$$

57

Alex schaute nachdenklich.

»Da ist aber doch irgendein Schwindel dabei. Voll besetzt heißt doch, daß kein Zimmer frei ist. Bei dieser Umzieherei ohne Ende kommen die Leute die ganze Nacht nicht zur Ruhe.«

»Natürlich dauert es unendlich lange, bis alle Gäste ins Bett kommen, aber der Portier findet für jeden neuen Gast ein Bett, auch für den Neuankömmling, und keiner muß zweimal umziehen.«

Alex schüttelte den Kopf.

»Trotzdem, irgend etwas ist da faul«, protestierte er. »Wenn alles besetzt ist, dann ist kein Platz mehr für einen neuen Gast da, das weiß doch jedes Kind!«

»Das Unendliche gehört eben nicht zu unserer täglichen Erfahrungswelt«, beruhigte ich ihn, »deshalb haben wir auch keinen richtigen Sinn für das Unendliche, und die Geschichte kommt uns merkwürdig vor. Aber sag mir doch, wo in meiner Überlegung der Fehler steckt.«

Alex schwieg.

»Es wird noch merkwürdiger«, fuhr ich fort. »Nehmen wir an, vor dem voll belegten Hotel hält ein Bus mit unendlich vielen Gästen. Was soll der arme Portier tun? Wie kann er die Neuen unterbringen, möglichst so, daß keiner mehr als einmal umziehen muß?«

Alex schaute mich ratlos an.

»Der Portier bittet den Gast aus Zimmer 1, nach 2 zu ziehen, den Gast von 2 nach 4, den von 4 nach 8 und dessen Bewohner nach 16. Gast 3 geht nach 6 und so weiter. Hast du schon raus, wie der Portier vorgeht? Er bittet jeden Gast, in das Zimmer mit der doppelt so großen Nummer zu ziehen. So werden alle

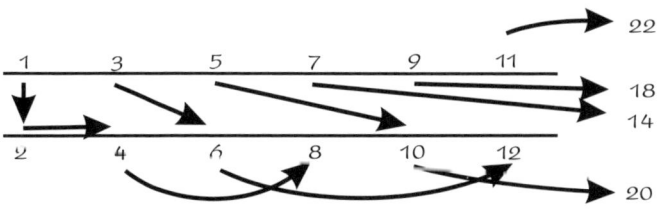

Abb. 4.4   Platz für unendlich viele neue Gäste!

Zimmer mit ungerader Nummer frei. Deren bisherige Gäste schlafen jetzt in Zimmern mit geraden Nummern, und unendlich viele ungerade Zimmer stehen für die neuen Gäste bereit.

Das Hotel hatte unendlich viele belegte Zimmer. Trotzdem ist es möglich, noch einmal unendlich viele Gäste unterzubringen. Damit haben wir eine weitere Merkwürdigkeit der Zahl ›unendlich‹ entdeckt:

unendlich + unendlich = unendlich

Das entspricht der Urwaldregel viele + viele = viele.«

Doch Alex war unzufrieden und sagte: »Da glaube ich, ich hätte es verstanden, und schon kommst du mit einem neuen Bus angefahren, der mich wieder durcheinanderbringt.«

»Wenn wir uns mit den Merkwürdigkeiten des Unendlichen vertraut machen wollen, müssen wir erst einmal richtig zählen lernen.«

»Für wie dumm hältst du mich eigentlich? Zählen habe ich schon im Kindergarten gelernt!«

»Langsam, langsam, natürlich kannst du zählen. Aber was genau machst du beim Zählen, etwa deiner Farbstifte?«

»Na was schon, ich nehme die Stifte der Reihe nach her und zähle 1, 2, 3 und so.«

59

»Und wie erkennst du, ob du mehr Stifte hast als deine Schwester?«

»Ihre Stifte zähle ich auch. Derjenige hat mehr, bei dem ich zu höheren Zahlen komme.«

»Gut, Alex, auch der Schäfer, der seine Herde zählen will, benutzt wie du die natürlichen Zahlen 1, 2, 3 . . .: Erste Zahl – erstes Schaf, zweite Zahl – zweites Schaf. Das geht bis zum letzten Schaf. Die Zahl, bei der er am Schluß angelangt ist, gibt ihm die Anzahl seiner Schafe. Genauer gesagt, er hat seine Schafe und die natürlichen Zahlen zu Paaren angeordnet. Dasselbe machst du, wenn du deine Farbstifte zählst. Ich will dir das noch an einem ganz anderen Beispiel zeigen.«

Wie Tanzlehrer zählen

»Stell dir den Lehrer einer Tanzschule vor, der wissen will, ob zum Anfang der Stunde gleich viele Mädchen wie Jungen gekommen sind. Er muß nicht nachzählen, er läßt sie zu Tanzpaaren antreten. Wenn kein Schüler und keine Schülerin ohne Partner übrigbleibt, weiß der Lehrer, daß gleich viele Jungen und Mädchen da sind. Genau so machst du es, wenn du zählst.«

»Quatsch, ich zähle 1, 2, 3, dein Tanzlehrer nicht.«

»Doch, er vergleicht die Menge der Jungen und die der Mädchen miteinander. Ohne daran zu denken, vergleichst du die Menge deiner Stifte mit einer Menge natürlicher Zahlen. Auch du ordnest sie zu Paaren: Erster Stift – die Zahl 1, der nächste – die 2, der nächste – die 3 und so weiter. Nehmen wir an, du hast 13 Stifte. Wenn du mit dem Zählen fertig bist, hast du jedem Stift eine der Zahlen von 1 bis 13 zugeordnet. Die Zahlen von 1 bis 13 sind genauso viele, wie du Stifte hast.«

»Umständlicher geht es wohl nicht«, brummte Alex.

»Ich habe das Zählen so ausführlich beschrieben, weil wir damit auch das Unendliche zählen können. Bei den endlichen Mengen, wie bei deinen Stiften, mag es überflüssig sein, genauer darüber nachzudenken, was Zählen eigentlich bedeutet. Wenn du aber unendlich viele Dinge zu zählen hast, mußt du schon genauer wissen, was du tust.«

»Und wozu hilft das? Wenn ich in deinem unendlichen Hotel die Zimmer zähle, komme ich nie an ein Ende. Da hilft es auch nichts, wenn ich beim Zählen die Zimmer und die Zahlen paarweise zusammenbringe.«

»Es kommt nicht darauf an, ob du mit dem Zählen in einer endlichen Zeit fertig wirst oder nicht. Es genügt, daß du weißt, daß du Zimmer und natürliche Zahlen in Gedanken zu Paaren anordnen kannst.«

»Das ist doch immer so, alles kann ich zählen, Äpfel und Birnen, Jahre, Farbstifte und meine Wasserfarben.«

»Richtig, nur was die Wasserfarben betrifft, sei vorsichtig! Die Näpfchen mit trockener Farbe kannst du zwar zählen, die unendlich vielen Farbtöne, die du damit mischen kannst, aber nicht. Mengen, deren Elemente du zählen kannst, heißen *abzählbare Mengen*. Die unendlich vielen Farbtöne aber sind nicht abzählbar. Auch die Punkte auf einer Linie nicht.«

Alex dachte nach.

Das Widernatürliche an den natürlichen Zahlen

»Und ein unendliches Hotel gibt es überhaupt nicht. Warum muß ich dann darüber nachdenken?« fragte Alex nach einer Weile.

»Nun, es gibt die unendlich vielen natürlichen Zahlen, die dir zum Zählen zur Verfügung stehen. Die sind merkwürdig genug.«

»Wieso denn das? Ich zähle 1, 2, 3, und was soll da merkwürdig sein?«

»Jede zweite Zahl davon ist eine gerade Zahl«, antwortete ich. »Zwischen zwei geraden liegt immer

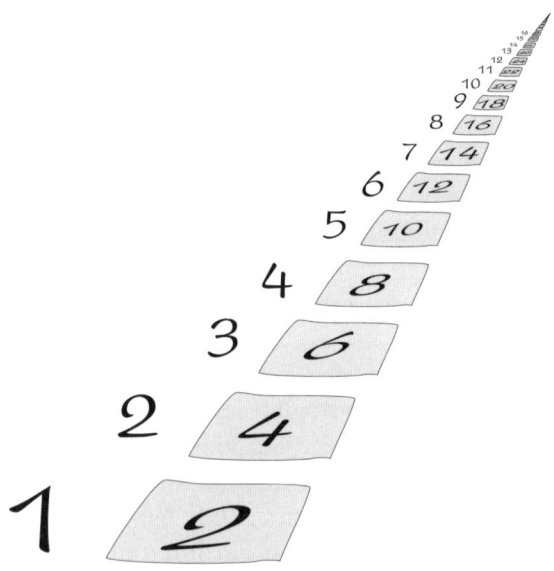

Abb. 4.5 Jede gerade Zahl auf dem Zettel ist mit einer natürlichen (jeweils links daneben) gepaart.

eine ungerade Zahl. Was glaubst du – wie viele gerade Zahlen gibt es?«

»Na, wenn jede zweite natürliche Zahl gerade ist, gibt es halb so viele gerade wie natürliche Zahlen. Die andere Hälfte sind die ungeraden.«

»Irrtum!« antwortete ich. »Es gibt genauso viele gerade Zahlen wie natürliche.«

»Aber zu den natürlichen gehören auch die ungeraden Zahlen, also gibt es mehr natürliche als gerade Zahlen. Das sieht doch jeder Erstkläßler!«

»Vorsicht, Vorsicht! Stellen wir uns doch jede gerade Zahl auf einen kleinen Zettel geschrieben vor [vgl. Abb. 4.5]. Diese unendlich vielen Zettel können wir zählen, das heißt, mit allen natürlichen Zahlen paaren. Jeder Zettel bekommt beim Zählen eine natürliche Zahl, jede natürliche Zahl einen Zettel. Nichts bleibt übrig. Wir haben damit die geraden Zahlen auf den Zetteln mit den natürlichen Zahlen gepaart. Also ist die Menge der geraden Zahlen genauso groß wie die der natürlichen.«

»Aber wenn ich eine Tüte mit roten und weißen Murmeln habe, dann sind doch insgesamt mehr Kugeln drin als nur weiße!« protestierte Alex. »Die Zahl aller Kugeln zusammen ist also größer als die der weißen. Das ist doch ganz natürlich! Bei den geraden Zahlen, die du zählst, ist das doch unnatürlich – und du nennst sie natürliche Zahlen?«

Unendliche Mengen sind eben anders

»Es kommt uns auf den ersten Blick unsinnig vor, daß die Menge der natürlichen Zahlen nicht größer ist als die Menge der geraden. Aber warum sträubt sich etwas in uns bei diesem Gedanken? Im täglichen Leben, also bei endlichen Mengen, gilt: Wenn du Elemente hinzufügst, etwa Murmeln in die Tüte wirfst, wird die Menge größer. Das gilt aber nur bei endlichen Mengen.

Anders als bei endlichen Mengen wird eine unendliche Menge nicht unbedingt größer, wenn ich ihr Elemente hinzufüge. Das hatten wir ja schon [vgl. Seite 63].

Um das genauer auszudrücken, wollen wir von jetzt an nicht mehr von der *Größe* einer Menge sprechen. Wir folgen dem großen Mathematiker Georg Cantor [vgl. Seite 94], den ich schon einmal kurz erwähnt habe [vgl. Seite 57], und sprechen von ihrer *Mächtigkeit*. Zwei Mengen nennen wir *gleich mächtig*, wenn wir ihre Elemente paaren können, ohne daß dabei etwas übrigbleibt. Wenn aber beim Paaren zweier Mengen von einer noch etwas übrigbleibt, sagen wir, diese Menge habe die größere Mächtigkeit.«

Alex dachte eine Weile nach, dann sagte er mürrisch: »Das soll was Besonderes sein? Da bist du ja wieder bei deinem alten Tanzlehrer. Wenn die Menge seiner Schüler aus gleichviel Jungen und Mädchen besteht, dann bleiben beim paarweisen Aufstellen kein Junge und kein Mädchen übrig.

Dann sind beide Mengen gleich groß, oder wie du es ausdrückst: Die Menge der Jungen und die der Mädchen haben die gleiche Mächtigkeit. Kommt aber noch ein Mädchen hinzu, dann bleibt es beim Tanzen sitzen. Ein Mädchen kam hinzu, die Mächtigkeit der Mädchenmenge wurde also größer.«

»Ja, aber das gilt nur für endliche Mengen«, erklärte ich. »Wie wir soeben an den geraden, den ungeraden und den natürlichen Zahlen gesehen haben, wird durch Hinzufügen von Elementen, selbst wenn es unendlich viele sind, die Mächtigkeit einer Menge nicht unbedingt vergrößert. Unsere alte Rechenregel

$$unendlich + unendlich = unendlich$$

können wir jetzt auch schreiben:

$$2 \times unendlich = unendlich$$

Vor mehr als 300 Jahren erfand der englische Mathematiker John Wallis, der von 1616 bis 1703 lebte, für das Unendliche ein eigenes Zeichen, eine liegende Acht: ∞.«

Ich schrieb unsere bisherigen Ergebnisse mit dem neuen Zeichen hin:

$$\infty + \infty = \infty \text{ oder } 2 \times \infty = \infty$$

»Dein ∞ ist aber eine komische Zahl«, warf Alex ein.

»Ja, sie hat eben ganz andere Eigenschaften als die endlichen Zahlen. Da sind wir gewohnt, daß nichts übrigbleibt, wenn du sie von sich selbst abziehst: $5 - 5 = 0$ oder $1000 - 1000 = 0$. Aber $\infty - \infty$ kann alles mögliche sein, auch wieder ∞.«

Alex schaute mich fragend an, deshalb fuhr ich fort:

»Füge zur unendlichen Menge der natürlichen Zahlen die Zahl 0,5 dazu. Dann hast du eine Zahl mehr, also ∞ + 1 Zahlen. Das sind wieder ∞ viele Zahlen, also gilt ∞ + 1 = ∞. Ziehst du die unendlich vielen natürlichen Zahlen davon ab, hast du nur noch eine Zahl, die 0,5. Also gilt ∞ – ∞ = 1. Ziehst du aber von der Menge der natürlichen Zahlen die unendlich vielen geraden ab, dann bleiben die unendlich vielen ungeraden Zahlen übrig. Also gilt auch ∞ – ∞ = ∞.«

Alex schüttelte den Kopf. »Verrückt, dein Unendlich. Wenn ich Murmeln zähle, ist das anders, denn dann habe ich nur endlich viele.« Sein Gesicht zeigte, daß er einen neuen Gedanken hatte.

»Was aber, wenn ich Murmeln zerbreche – dann habe ich halbe Kugeln, drittel oder nur kleine Brösel. Da könnte ich eine unendliche Menge von Krümeln machen, und da funktioniert dein Zählen wie ein Tanzlehrer nicht mehr.« Er schaute mich triumphierend an.

»Damit verläßt du aber die natürlichen Zahlen. Eine halbe Murmel entspricht der Zahl 1/2, eine Viertel Murmel der Zahl 1/4, und ein Brösel ist vielleicht nur ein Tausendstel der ganzen Kugel. Damit halten die Brüche bei uns Einzug: 1/2 ist als Dezimalzahl geschrieben 0,5, 1/4 ist 0,25, und ein Tausendstel ist 0,001. Diese Brüche liegen zwischen den natürlichen Zahlen.

Das siehst du auf dem *Zahlenstrahl*. Wir ziehen eine waagerechte gerade Linie, von einem Punkt nach rechts – wir nennen ihn den *Nullpunkt*. Von ihm aus zeichnen wir Punkte in gleichen Abständen und nennen sie 1, 2, 3 und 4. Sie entsprechen den

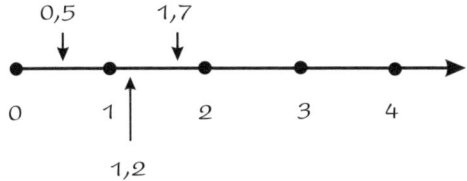

Abb. 4.6 Der Zahlenstrahl mit der Null, den natürlichen Zahlen und einigen Brüchen dazwischen

natürlichen Zahlen. Die Brüche liegen zwischen ihnen. Der Bruch 1/2 = 0,5 liegt in der Mitte zwischen den Punkten 0 und 1. Der Bruch 6/5 = 1,2 liegt zwischen 1 und 2, aber näher bei der 1. Auch der Bruch 51/30 = 1,7 liegt zwischen 1 und 2, jedoch näher bei der 2. Mit Brüchen werden wir uns beim nächsten Mal befassen.«

5. Brüche über Brüche

Der nächste Tag war ein Feiertag – schulfrei. Alex kam schon am Morgen.

»Ich habe heute nacht darüber nachgedacht«, begann er. »Es gibt nichts Unendliches. Selbst wenn die ganze Erdkugel nur aus lauter Sandkörnern wäre, es kann doch nur eine endliche Zahl von Körnern sein. Das hast du mir ja vorgerechnet. Und unendlich Großes gibt es auch nicht, das weiß doch jedes Kind, wo soll es denn Platz haben? Da brauchst du deinen Zahlenstrahl nach rechts auch gar nicht beliebig lang zu machen. Unendlich große Zahlen werden überhaupt nicht gebraucht. Warum erzählst du mir das alles?«

»Weil es das Unendliche doch gibt, vielleicht nicht in der Natur, aber in deinem Kopf.«

»Davon habe ich noch nichts bemerkt.«

»Ich werde dir zeigen, daß das unendlich Kleine auch in deinem Denken existiert, obwohl es in der Natur nicht vorkommt.«

»Da bin ich aber gespannt!« konterte Alex.

»Wir wollen uns jetzt am Zahlenstrahl den kleinen Abschnitt genauer ansehen, der zwischen 0 und 1 liegt. Dazu nehmen wir einen langen Streifen Papier, etwas länger als einen Meter.«

Ich hatte den Streifen vorbereitet und legte ihn mit einem zusammengerollten Maßband und einem Bleistift Alex vor die Nase.

»Jetzt zeichnest du eine gerade Linie auf den Streifen, einen Meter lang. Über den linken Endpunkt schreibst du eine 0, über einem Punkt am rechten Ende eine 1.«

Alex zeichnete.

»Das ist der Teil des Zahlenstrahls, der zwischen 0 und 1 liegt. Halbiere die Strecke zwischen den Punkten 0 und 1 und zeichne auch dort einen Punkt. Dieser ist jetzt 1/2 Meter von der 0 entfernt, deshalb schreibst du 1/2 darüber. Nun halbierst du die Strecke zwischen 0 und 1/2. Der neue Punkt ist jetzt 1/4 Meter, also 25 Zentimeter, von der 0 entfernt. So machst du weiter und kommst zu den Punkten 1/8, 1/16, 1/32. Der letzte Punkt ist 3,125 Zentimeter vom linken Ende entfernt. Nun fährst du auf die gleiche Weise fort. Der Punkt 1/512 ist nur noch 1,953 Millimeter vom Endpunkt entfernt und 1/1024 nur noch 0,977 Millimeter. Die Punkte werden immer dichter, je näher sie am linken Endpunkt der Strecke, der Null, liegen. Das kannst du in Gedanken unendlich oft fortsetzen. Du erhältst eine unendlich lange Folge von Brüchen, die du als Punkte auf dem Zahlenstrahl darstellen kannst, zumindest solange sie nicht zu dicht beieinander liegen.

Die Null selbst gehört nicht zu dieser Folge, denn deren Zahlen kommen zwar der 0 beliebig nahe, erreichen sie aber nie. Sie häufen sich bei der 0, die Mathematiker nennen die 0 deshalb einen *Häufungspunkt* dieser Folge. Unmittelbar rechts von ihm stehen die Punkte der Folge unendlich dicht nebeneinander. Wenn du sie einzeichnen willst, kommst du mit deinem Bleistift bald in Schwierigkeiten. Doch in deinem Kopf kannst du dir vorstellen, daß es

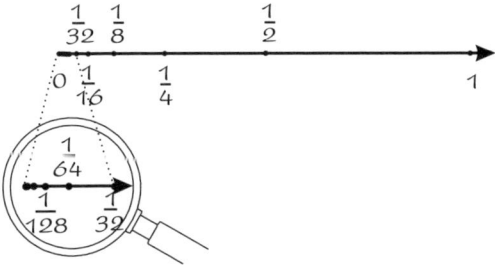

Abb. 5.1 Durch mehrfaches Halbieren der Strecke zwischen 0 und 1 auf dem Zahlenstrahl erhält man Punkte, die immer dichter nebeneinander liegen, je näher sie bei der 0 sind.

auf der Strecke immer weitere, immer dichter aneinandergedrängte Punkte gibt. Du siehst, es gibt eine Welt, in der das Unendliche existiert, die Welt in deinem Kopf.«

Ganze Zahlen und ihre Bruchstücke

»Neben unseren Brüchen 1/2, 1/4, 1/8 . . . gibt es aber zwischen 0 und 1 noch unendlich viele andere Brüche. Jeder Bruch hat oben einen Zähler und unten einen Nenner, die eigentlich durcheinander dividiert werden sollen. Das Ergebnis ist eine Dezimalzahl. Alle Brüche sind also nicht ausgeführte Divisionen. Wenn du die Division von 1/2 wirklich machst, bekommst du die Dezimalzahl 0,5.

Dezimalzahlen, die durch Division von Zähler und Nenner entstanden sind, heißen *Dezimalbrüche*. Der Dezimalbruch 0,5 entspricht also dem Bruch 1/2, denn 1 : 2 = 0,5.«

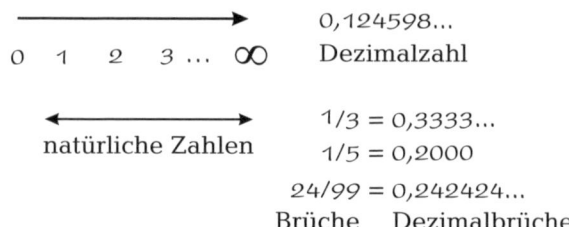

Abb. 5.2 Am Zahlenstrahl (oben links) liegen die positiven ganzen Zahlen. Mit Ausnahme der Null nennt man sie die natürlichen Zahlen. Dazwischen liegen die Dezimalzahlen, wie die rechts oben angegebene. Eine Teilmenge der Dezimalzahlen sind die Dezimalbrüche, bei denen sich in der Dezimaldarstellung die Ziffern periodisch wiederholen. Sie lassen sich auch als Brüche darstellen.

»Damit brauchst du aber kein solches Getöse zu machen!« sagte Alex geringschätzig, »glaubst du schon wieder, ich wäre noch im Kindergarten?« Ich ging nicht darauf ein.

»Aber nicht jede Dezimalzahl ist ein Dezimalbruch. Wir können auch sagen, die Dezimalbrüche bilden eine Teilmenge der Menge der Dezimalzahlen.

Die Division $1 : 2$ hat eine Besonderheit, die nicht selbstverständlich ist: Schon nach einem Schritt bleibt kein Rest mehr übrig. Die Division $1 : 2$ geht auf.«

»Das waren mir in der Schule die liebsten Divisionen«, warf Alex ein.

»Bei manchen Brüchen geht die Division erst nach mehreren Schritten auf. Probier es zum Beispiel einmal mit $1813 / 7000$.«

Alex machte sich ans Werk:

$$1813 : 7000 = 0{,}259$$
$$\overline{}$$
$$18130$$
$$14000$$
$$\overline{}$$
$$41300$$
$$35000$$
$$\overline{}$$
$$63000$$
$$63000$$
$$\overline{}$$
$$0$$

»Stimmt«, sagte er, »auch das geht auf.«

»Von der vierten Stelle nach dem Komma an kommen nur noch Nullen, die du weglassen kannst«, fügte ich hinzu. »Aber nicht bei jedem Bruch geht die Division auf, auch nicht bei einem so einfachen wie 1/3. Da folgen unendlich viele Dreien hinter dem Komma. Trotzdem ist die Zahl, die so geschrieben wird, endlich, nämlich 1/3, und dieser Bruch liegt zwischen 0 und 1.«

»Und warum kommen bei 1/3 = 0,33333 ... lauter Dreien vor?« wollte Alex wissen.

»Das ist bei allen Dezimalbrüchen ähnlich. Nehmen wir etwa 1/7. Willst du das mal ausdividieren?«

Alex griff zum Taschenrechner.

»Nein!« protestierte ich, »du mußt mit der Hand rechnen, auf dem Rechner hast du zu wenig Dezimalstellen.«

Mißmutig nahm Alex Papier und Bleistift.

»Das hört ja nie auf!« sagte er und zeigte mir sein vorläufiges Ergebnis:

```
1 : 7 = 0,1428571428
10
 7
 ---
30
28
 ---
  20
  14
  ---
   60
   56
   ---
    40
    35
    ---
     50
     49
     ---
      10
       7
      ---
      30
      28
      ---
       20
       14
       ---
        60
        56
        ---
         40
```

»Merkst du etwas?« fragte ich ihn.

»Was soll ich denn merken?« Dann strahlte er.

»Da kommt ja immer wieder dasselbe«, rief er, »die Reste sind 3, 2, 6, 4, 5, und dann geht es noch einmal von vorne los: 3, 2, 6, 4 und so weiter. Bei gleichen Resten bekomme ich natürlich auch jedes Mal dieselbe Ziffer bei der Division.«

»Richtig! Du brauchst nicht weiter zu rechnen, denn so geht es unendlich lange weiter:

1/7 = 0,142857142857142857142857142857142 . . .

Die Ziffern 1, 4, 2, 8, 5 und 7 wiederholen sich bis in alle Ewigkeit. Solche Dezimalzahlen heißen *periodisch*.«

»Ist das bei allen Dezimalzahlen so?« wollte Alex wissen.

»Nein, nur bei Dezimalzahlen, die auch als Bruch geschrieben werden können, also nur bei Dezimalbrüchen. Davon kannst du dich ganz leicht überzeugen.«

»Und wie?«

»Du weißt doch, wie dividiert wird – sehen wir uns das bei der 7 an: Da die 1 kleiner ist als die 7, beginnen wir mit 0 und dem Komma, dann holen wir uns von oben eine 0. Die 7 ist einmal in der 10 enthalten, der Rest ist 3. Häng eine neue Null an den Rest und schau, wie oft die 7 in der neuen Zahl enthalten ist. An den Rest hängst du wieder eine 0 an. So geht es weiter.

Da kein Rest größer ist als die 7 (sonst wäre die 7 ja öfters enthalten gewesen), kann es nur sieben verschiedene Reste geben: 0, 1, 2, 3, 4, 5 und 6. Erscheint einmal der Rest 0, ist die Division fertig. Spätestens nach dem 6. Schritt muß ein Rest auftauchen, der schon einmal da war. Von jetzt ab erscheinen die Reste immer wieder in derselben Reihenfolge.

Es gilt aber auch das Umgekehrte: Wenn eine Dezimalzahl periodisch ist, dann ist sie ein richtiger Bruch mit Zähler und Nenner.«

»Das sagst du so«, brummte Alex, »aber woher weißt du das? Wenn ich $0,45123123123123$ ... schreibe, warum soll das ein Bruch sein?«

Ich erklärte es ihm so, wie es hier im Kasten gezeigt wird.

Wie aus einer periodischen Dezimalzahl ein Bruch wird

Wir zeigen das an der periodischen Dezimalzahl $0,45123123123123$ ... Bevor die Wiederholungen beginnen, stehen die Ziffern 4 und 5. Wir multiplizieren die Zahl mit einer 1 und so vielen nachfolgenden Nullen, daß der periodische Teil der Dezimalzahl danach gleich hinter dem Komma beginnt. In unserem Fall müssen wir mit 100 multiplizieren:

$$100 \times 0,45123123 \ldots = 45,123123 \ldots$$

Jetzt erzeugen wir eine zweite Zahl, indem wir die eben gewonnene mit einer 1 und so vielen Nullen multiplizieren, wie die sich wiederholende Folge Ziffern hat. In unserem Fall wiederholen sich die drei Ziffern 1, 2, 3. Also multiplizieren wir mit 1000:

$$1000 \times 45,123123 \ldots = 45123,123123 \ldots$$

Jetzt haben wir einmal das 100fache, einmal das 100000fache der ursprünglichen Dezimalzahl. Wir ziehen die erste von der zweiten ab:

$$45123,123123\dots$$
$$-\quad 45,123123\dots$$
$$\overline{}$$
$$45078,000000$$

Wir haben das Hundertfache der periodischen Dezimalzahl vom Hunderttausendfachen abgezogen. Weil

$$100\,000 - 100 = 99\,900$$

ergibt, ist das $99\,900$fache der ursprünglichen Dezimalzahl gleich $45\,078$. Die ursprüngliche Dezimalzahl ist also gleich dem Bruch

$45078/99900$

So kann man mit jeder periodischen Dezimalzahl verfahren.

Brüche, einer neben dem anderen

»Es gibt also unendlich viele Brüche«, sagte Alex und versuchte zusammenzufassen, was ich ihm erzählt hatte. »Schon alle, die im Zähler eine 1 haben und im Nenner irgendeine natürliche Zahl, sind ja unendlich viele. Dazu gibt es aber noch unendlich viele mehr, wenn ich auch in den Zähler irgendeine Zahl schreibe.« Nach einigem Nachdenken fuhr er fort: »Und jeder Bruch ist ein Dezimalbruch, also eine periodische Dezimalzahl. Und jeden kann ich als Punkt auf den Zahlenstrahl setzen. Das gibt dort unendlich viele Punkte.«

77

»Da hast du recht«, antwortete ich, »sehen wir uns zum Beispiel die Brüche an, deren Zähler kleiner ist als der Nenner. Damit erreichen wir, daß ihre Punkte auf dem Zahlenstrahl zwischen 0 und 1 liegen. Es gibt unendlich viele solche Brüche. Sie liegen ganz dicht beieinander.«

»Woher willst du das wissen?« warf Alex ein. »Es könnte doch so sein, daß zwischen zwei Brüchen keiner mehr dazwischenpaßt.«

»Das kann ich dir beweisen«, sagte ich, »dazu mußt du dich aber an das Rechnen mit Brüchen erinnern.«

Alex lachte, denn in der Schule war er im Bruch-rechnen immer gut gewesen, da konnte ihm keiner was vormachen. Deshalb hörte er interessiert zu, als ich ihm so wie im Kasten vorführte, daß zwischen zwei beliebigen Brüchen garantiert noch weitere liegen.

Warum die Brüche dicht beieinander liegen

Wir nehmen zwei Brüche, etwa $2/1033$ und $3/1522$. Der letztere ist größer, wie der Taschen-rechner zeigt:

$$2/1033 = 0,001936\ldots$$
$$3/1522 = 0,001971\ldots$$

Natürlich gibt es Dezimalzahlen dazwischen, zum Beispiel $0,001955\ldots$ Doch wir wollen zei-gen, daß zwischen den beiden obigen Brüchen wieder wirkliche Brüche liegen.

Um zwei Brüche zu vergleichen, bringen wir sie auf einen gemeinsamen Nenner. Die beiden Nenner sind 1033 und 1522. Ein gemeinsamer Nenner ist $1033 \times 1522 = 1572226$. Wenn wir also beide Brüche auf diesen Nenner bringen wollen, müssen wir beim ersten Bruch Zähler und Nenner mit 1522 multiplizieren und beim zweiten beide mit 1033. Die Zahlenwerte der Brüche werden dadurch nicht geändert. Also lauten unsere Brüche jetzt:

$$2/1033 = 3044/1572226$$
und
$$3/1522 = 3099/1572226$$

Wir sehen sofort, daß 54 Brüche in gleichen Abständen voneinander dazwischen liegen, nämlich:

$$3045/1572226, 3046/1572226, \dots,$$
$$3097/1572226, 3098/1572226$$

Es geht auch anders: Wir nehmen zwei Brüche, addieren sie und multiplizieren den Nenner des so entstandenen Bruches mit 2. Der neue Bruch liegt in der Mitte zwischen den beiden ursprünglichen Brüchen. Damit ist bewiesen, daß zwischen zwei Brüchen immer noch weitere Brüche liegen.

»Die Zahlen, die wir durch einen Bruch darstellen können, heißen *rationale Zahlen*«, erklärte ich. »Ihre Punkte liegen also dicht auf der Zahlengeraden.«

»Das ist doch klar, alle Zahlen liegen ganz dicht beieinander. Warum redest du groß von einem Beweis?«

»Ich habe nicht von allen Zahlen gesprochen, sondern nur von den rationalen, also von denen, die als Bruch geschrieben werden können. Ich habe dir bewiesen, daß zwischen zwei rationalen Zahlen weitere rationale Zahlen liegen.«

Ich zeigte ihm ein Bild [Abb. 5.3]. Nachdem Alex sich das angesehen hatte, sagte er: »Da schaut man also mit zwei Lupen auf die Zahlengerade, und immer kommen neue Brüche zum Vorschein. Da könnte man ja mit noch besseren Lupen oder mit

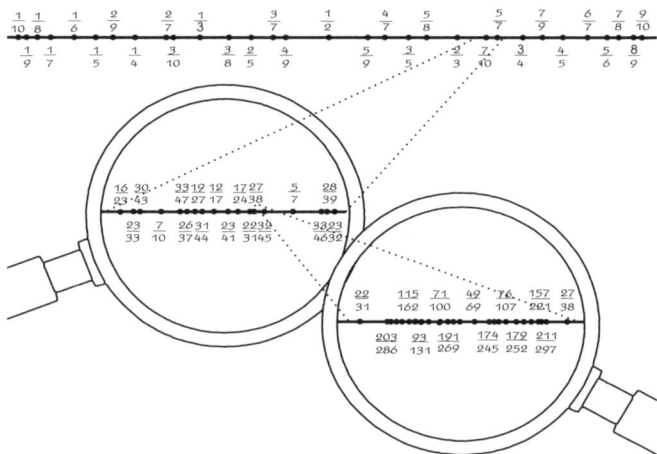

Abb. 5.3 Zwischen den Brüchen auf dem Zahlenstrahl (oben) liegen Brüche und zwischen ihnen wieder solche. Die Brüche liegen unendlich dicht.

deinem Mikroskop auf den Zahlenstrahl schauen, und immer neue Brüche würden auftauchen. Die paar natürlichen Zahlen sind ja gar nichts gegen die vielen Brüche.«

»Meinst du, es sind mehr als unendlich?« wollte ich wissen.

»Ich weiß nicht«, Alex schaute mich unsicher an, »aber es sind doch mehr als die unendlich vielen natürlichen Zahlen, die auf der Zahlengeraden einen großen Abstand voneinander haben.«

»Da irrst du dich aber gewaltig.«

»Willst du mir sagen, daß die vielen rationalen Zahlen, also die Brüche, nicht viel mehr sind als die ganzen Zahlen?«

»Genau das«, antwortete ich, »die Brüche lassen sich zählen.«

Alex machte ein ungläubiges Gesicht. Ich konnte ihn verstehen. Da hatte ich ihm gerade gezeigt, wie dicht die Brüche auf der Zahlengeraden liegen. Wo soll man da mit dem Zählen beginnen? Was kommt beim Zählen nach der 1? Vielleicht 1,000001, also eins und ein Millionstel, als Bruch 1000001/1000000? Nein, denn 1,0000001, also eins und ein Zehnmillionstel, als Bruch 10000001/10000000, kommt vorher. Ich sah, wie Alex' Kopf rauchte.

Wir zählen die Brüche

»Du darfst nicht versuchen, die Brüche ihrer Größe nach zu zählen«, sagte ich, »du mußt es anders machen.« Alex schaute neugierig, als ich auf ein neues Blatt schrieb:

81

$$1/1, \quad 1/2, \ 1/3, \ 1/4, \ 1/5, \ 1/6, \ 1/7, \ 1/8, \ 1/9,$$
$$1/10, \ 1/11, \ \ldots$$

Dann folgte die zweite Zeile:

$$2/1, \quad 2/2, \ 2/3, \ 2/4, \ 2/5, \ 2/6, \ 2/7, \ 2/8, \ 2/9,$$
$$2/10, \ 2/11, \ \ldots$$

Als ich mit der dritten Zeile beginnen wollte, sagte Alex:

»Ich weiß schon, wie es weitergeht«, und er machte richtig weiter. Schließlich hatten wir fast die halbe Seite vollgeschrieben [vgl. Abb. 5.4].

»Deine Brüche nehmen nach rechts und nach unten kein Ende, und da willst du zählen?« fragte Alex. »Schon wenn du mit der ersten Zeile anfängst, wirst du nie fertig. Wann willst du denn dann mit der zweiten Zeile beginnen?«

$$1/1, \quad 1/2, \quad 1/3, \quad 1/4, \quad 1/5, \quad 1/6, \quad 1/7, \quad \ldots$$

$$2/1, \quad 2/2, \quad 2/3, \quad 2/4, \quad 2/5, \quad 2/6, \quad 2/7, \quad \ldots$$

$$3/1, \quad 3/2, \quad 3/3, \quad 3/4, \quad 3/5, \quad 3/6, \quad 3/7, \quad \ldots$$

$$4/1, \quad 4/2, \quad 4/3, \quad 4/4, \quad 4/5, \quad 4/6, \quad 4/7, \quad \ldots$$

$$5/1, \quad 5/2, \quad 5/3, \quad 5/4, \quad 5/5, \quad 5/6, \quad 5/7, \quad \ldots$$

$$6/1, \quad 6/2, \quad 6/3, \quad 6/4, \quad 6/5, \quad 6/6, \quad 6/7, \quad \ldots$$

$$7/1, \quad 7/2, \quad 7/3, \quad 7/4, \quad 7/5, \quad 7/6, \quad 7/7, \quad \ldots$$

$$8/1, \quad \ldots\ldots\ldots$$

Abb. 5.4   Brüche, einmal anders angeordnet

82

»Nein, so will ich auch nicht zählen, wir machen es anders. Wir zählen diagonal.« Ich begann, Pfeile in die Tabelle einzuzeichnen, so daß sie aussah wie in der Abbildung 5.5.

»Wir beginnen also mit 1 und schreiben sie als Bruch: 1/1, dann folgt 1/2 und danach die 2/1, dann kommt 3/1. Als nächstes käme der Bruch 2/2 = 1. Diese Zahl haben wir bereits, deshalb überspringen wir sie beim Zählen und gehen zu 1/3 weiter. Dann kommen 1/4, 2/3, 3/2 und 4/1. Hast du gezählt? Dieser Bruch hat in der Folge 1/1, 1/2, 2/1, 3/1, 1/3, 1/4, 2/3, 3/2 die Nummer 9. Siehst du, wie es weitergeht? Wenn ich zu Brüchen komme, die den gleichen Wert haben wie bereits gezählte, überspringe ich sie, also zum Beispiel 2/2, 3/3 und alle anderen, die in der von 1/1 ausgehenden Diagonalen stehen. Aber auch andere werden nicht mitgezählt, wie 2/6 = 1/3, da wir diesen Bruch schon hatten.

Abb. 5.5   So werden Brüche gezählt.

Wenn ich auf diese Weise zähle, kommt jeder Bruch irgendwann einmal dran. Wir haben also die Brüche mit den natürlichen Zahlen gepaart, genau wie du früher deine Farbstifte. Daraus folgt aber, daß es ebenso viele Brüche gibt wie natürliche Zahlen.«

»Das begreife ich nicht!« rief Alex. »Die natürlichen Zahlen liegen auf dem Zahlenstrahl so weit voneinander entfernt wie Telegrafenmasten. Die unendlich vielen Brüche sind wie Grashalme dazwischen. Und trotzdem soll es genauso viele Grashalme geben wie Telegrafenmasten? Das glaubst du doch selber nicht.«

»Wir haben gemeinsam gezählt, wir sind zwar nicht fertig geworden, aber wir sehen schon, daß jeder Bruch beim Zählen drankommt. Keine natürliche Zahl, aber auch kein Bruch bleibt übrig. Die beiden Mengen sind gleich mächtig.«

»Wenn sogar die vielen Brüche nicht mehr sind als die natürlichen Zahlen, gibt es dann überhaupt noch größere Mengen?«

Darüber wollte ich mich mit ihm beim nächsten Mal unterhalten.

6. Noch unendlicher als unendlich

»Ganz schön verrückt, dein Unendlich«, sagte Alex am nächsten Tag. »Es gibt also unendlich viele Brüche, und zwischen ihnen liegen immer neue Brüche, und trotzdem kann man sie zählen. Kann man denn alles Unendliche zählen, etwa alle Punkte auf dem Zahlenstrahl?«

»Ich habe dir ja schon gesagt, daß du die Farben, die du durch Mischen von anderen Farben erhältst, nicht zählen kannst«, antwortete ich [vgl. Seite 61], »auch die Punkte auf dem Zahlenstrahl nicht.«

»Nanu!« Alex schaute mich erstaunt an. »Gestern hast du mir gezeigt, daß die Brüche auf dem Zahlenstrahl unendlich dicht sind. Dann paßt aber doch keine Zahl mehr dazwischen, die ich beim Zählen nicht erwischt habe. Die Punkte auf dem Zahlenstrahl sind doch so unendlich dicht wie die Brüche, die ich zählen kann. Und die Punkte soll ich nicht zählen können?«

»Vorläufig wissen wir nur, daß die Brüche gezählt werden können. Jeden Bruch kann ich ausdividieren und als Dezimalbruch schreiben. Deshalb können auch die Dezimalbrüche, also die periodischen Dezimalzahlen, gezählt werden. Es gibt aber sehr viel mehr Dezimalzahlen als Dezimalbrüche.«

»Aber jede Dezimalzahl muß doch irgendwann einmal periodisch werden, es können ja nur die zehn Ziffern von 0 bis 9 auftreten, und irgendwann müssen sie sich wiederholen«, widersprach Alex.

»Richtig«, entgegnete ich, »die einzelnen Ziffern kommen natürlich immer wieder vor. Aber nur wenn sich ihre Reihenfolge periodisch wiederholt, ist die Zahl ein Dezimalbruch. Es gibt aber auch Dezimalzahlen, die keine Dezimalbrüche sind.«

»Das sagst du so – kannst du mir das beweisen?« fragte Alex und schaute mich erwartungsvoll an.

»Was muß ich dazu tun?« fragte ich und gab auch gleich die Antwort: »Ich muß dir wenigstens eine Dezimalzahl nennen, die garantiert kein Dezimalbruch ist.«

»Da bin ich aber gespannt.«

Zahlen zwischen den Brüchen

»Ich will die Brüche in der Reihenfolge untereinander schreiben, in der wir sie gestern gezählt haben, jetzt aber als Dezimalzahlen. Allerdings sind sie jetzt nicht nach ihrer Größe geordnet, aber das macht nichts. Ich nehme auch nur die Brüche, die auf dem Zahlenstrahl zwischen 0 und 1 liegen.«

Ich schrieb:

$$1/2 = 0,500000000000000 \ldots\ldots$$
$$1/3 = 0,333333333333333 \ldots\ldots$$
$$2/3 = 0,666666666666666 \ldots\ldots$$
$$1/4 = 0,250000000000000 \ldots\ldots$$
$$1/5 = 0,200000000000000 \ldots\ldots$$
$$3/4 = 0,750000000000000 \ldots\ldots$$

$$2/5 = 0{,}400000000000000\ \ldots\ldots$$
$$1/6 = 0{,}166666666666666\ \ldots\ldots$$
$$1/7 = 0{,}142857142857142\ \ldots\ldots$$

.

.

.

»Diese Liste stelle ich mir unendlich lang nach unten fortgesetzt vor. Dann enthält sie alle Dezimalbrüche. Nun konstruiere ich eine neue Zahl, die garantiert kein Dezimalbruch ist. Sie soll eine 0 vor dem Komma haben, also mit 0,... beginnen. Jetzt gehe ich zur ersten Zeile meiner Tabelle. Meine Zahl soll sich an ihrer ersten Stelle nach dem Komma von der ersten Stelle der ersten Zahl meiner Liste unterscheiden. Sie darf alles sein, nur keine 5. Ich nehme 6 und habe 0,6... Weiter zur zweiten Zeile. Meine Zahl soll sich an der zweiten Stelle nach dem Komma von der zweiten Stelle der zweiten Zahl der Liste unterscheiden, soll also dort keine 3 haben. Ich nehme 4, habe also 0,64... Nächste Zeile, die nächste Ziffer darf keine 6 sein. Ich entscheide mich für 9. Damit habe ich 0,649... So gehe ich Schritt für Schritt weiter und komme zum Beispiel zu 0,6491281253... Wenn ich das unendlich lange fortsetze, unterscheidet sich meine neue Zahl von jedem Dezimalbruch an mindestens einer Stelle. Sie kann also selbst kein Dezimalbruch sein, sondern eine Dezimalzahl, die kein Dezimalbruch ist. Im Unterschied zu den Brüchen, den rationalen Zahlen, heißen die neuen Zahlen *irrationale Zahlen*.«

»›Irrational‹, heißt das nicht so was wie verrückt?« fragte Alex. »Irgendwie verstehe ich das nicht. Da

hast du mir gezeigt, daß die Brüche auf dem Zahlenstrahl ganz dicht beieinander liegen – jetzt sagst du,
daß dazwischen immer noch andere Zahlen sind.«

»Ja, sogar sehr viele. Übrigens, schon zur Zeit der
Griechen wußte man, daß es Zahlen gibt, die sich
nicht als Brüche schreiben lassen. Sie merkten, daß
keine rationale Zahl mit sich selbst multipliziert die
Zahl 2 ergibt.«

Wie die alten Griechen merkten, daß es Zahlen gibt, die keine Brüche sind

Die Zahl, die mit sich selbst multipliziert den
Wert 2 ergibt, kann kein Bruch sein. Es gibt
nämlich keinen Bruch m/n, für den

$$m/n \times m/n = 2$$

gilt. Um das zu beweisen, können wir annehmen, daß der Bruch m/n gekürzt ist, daß also m
und n keinen gemeinsamen Teiler haben. So
dürfen sie auch nicht beide gerade Zahlen sein,
sonst könnte ich durch 2 kürzen und den
Beweis mit den neuen Zahlen fortsetzen.

Jetzt zeigen wir, daß die obige Gleichung
nicht richtig sein kann. An ihrer Stelle können wir auch schreiben: $m \times m = 2n \times n$. Das
ist aber mit natürlichen Zahlen m und n nicht
möglich. Wäre die obige Gleichung richtig,
wäre $m \times m$ gerade. Dann müßte auch m gerade
sein (denn eine ungerade Zahl gibt mit sich
selbst multipliziert wieder eine ungerade Zahl).

Rechts steht aber die gerade Zahl $2n \times n$. Wenn m gerade ist, dann ist $m \times m$ durch 4 teilbar. Dann muß auch $n \times n$ gerade sein und demnach auch n (wieder, weil nur eine gerade Zahl mit sich selbst multipliziert eine gerade Zahl liefert). Also ist sowohl m wie auch n gerade. Und das haben wir am Anfang ausgeschlossen. Die Annahme $m/n \times m/n = 2$ hat zu einem Widerspruch geführt. Deshalb kann kein Bruch mit sich selbst multipliziert die Zahl 2 ergeben.

»Da siehst du, wie überflüssig deine irrationalen Zahlen sind. Wer braucht denn schon eine Zahl, die mit sich selbst multipliziert die 2 ergibt«, meinte Alex unwillig. »Und wenn man sie unbedingt haben will, weiß kein Mensch, wie sie aussieht.«

»Die irrationale Zahl, von der du anscheinend nicht viel hältst, heißt die *Quadratwurzel* aus 2. Die Zahl 2 ist übrigens auch selbst eine Quadratwurzel, nämlich die von 4, denn 2 mit sich selbst multipliziert ergibt die 4. Du siehst, nicht jede Quadratwurzel ist eine irrationale Zahl. Die Quadratwurzel aus der 9 ist die 3, also wieder eine ganze Zahl. Zahlen, deren Quadratwurzeln ganze Zahlen sind, heißen *Quadratzahlen*. Du erhältst sie, indem du der Reihe nach jede natürliche Zahl mit sich selbst multiplizierst: 4, 9, 16, 25, 36, ... Ihre Quadratwurzeln sind dann 2, 3, 4, 5, 6, ... Dagegen sind die Wurzeln aus den Zahlen 3, 5, 6 und 7 irrational. Keine Maschine würde laufen, kein Auto fahren und kein Fernseher funktionieren, könnten wir die Quadratwurzeln nicht berechnen, zumindest angenähert.«

Alex zieht eine Wurzel

»Auf deinem Taschenrechner habe ich das Zeichen $\sqrt{}$ gesehen, das ist das Zeichen für Quadratwurzel. Gib eine Zahl ein, zum Beispiel die 5, und drück auf $\sqrt{}$. Was hast du?«

»2,236068.«

»Das ist die Wurzel aus 5, auf sechs Stellen hinter dem Komma genau. Probiere es und multipliziere das Ergebnis mit sich selbst. Du bekommst, so genau wie dein Rechner eben rechnen kann, wieder die 5.«

»Und wie macht das der Rechner?« wollte Alex wissen.

»Die Mathematiker nehmen wieder einmal das Unendliche zu Hilfe. Es gibt eine einfache Regel zur Berechnung der Quadratwurzel, man muß sie nur unendlich oft hintereinander anwenden.«

»Das dürfte dann wohl etwas länger dauern.« Alex grinste mich an.

»Im praktischen Leben, auch in der Technik, brauchst du die Zahlen nur angenähert, nie mehr als eine Handvoll Stellen nach dem Komma. Die Rechnung wird in einfachen Schritten ausgeführt. Du beginnst mit irgendeiner Zahl, wir wollen sie die *Näherung* nennen, und verbessern sie mit jedem Schritt. Probieren wir es. Von welcher Zahl wollen wir die Wurzel bestimmen?«

90

»Na, von der 5, die kennen wir schon vom Taschenrechner.«

»Zuerst brauchst du eine Näherung, du kannst irgendeine natürliche Zahl nehmen. Jetzt kommt die Regel:

> Dividier die 5 durch die Näherung,
> zähl zum Ergebnis die Näherung dazu,
> nimm davon die Hälfte,
> und du bekommst eine bessere Näherung.

Mit der neuen Näherung machst du alles nochmal, und so immer weiter, unendlich oft.«

»Und wer rechnet weiter, wenn ich abends ins Bett will?« Alex tippte sich an die Stirn.

»Probier es doch erst einmal!«

»Ich nehme als Näherung die 10, das ist bestimmt falsch, denn 10 × 10 ist 100 und nicht 5.«

»Gut, jetzt nimm die 5, dividier sie durch deine Näherung, also durch die 10, und fahr nach der Regel fort. Zähl also 10 dazu und nimm die Hälfte. Was hast du?«

»Jetzt habe ich 5,250000, das ist doch keine Wurzel von 5, denn mit sich selbst multipliziert ist das 27,5625 und nicht 5, von Näherung keine Spur! Viel taugt deine Regel nicht.«

»Nur Geduld, mach dasselbe jetzt mit dieser neuen Näherung!« Alex tippte und rief: »3,101190!«

»Immer so weiter, was kommt der Reihe nach?«

Alex tippte und rief: »2,356737, 2,239157, 2,236070, 2,236068, ... Jetzt kommt ja immer dieselbe Zahl!« Im Eifer hatte er nicht bemerkt, daß es genau die war, die er schon vorher mit der Wurzeltaste auf seinem Rechner gefunden hatte.

»Obwohl wir von einer schlechten Näherung aus-
gegangen sind, hast du in nur sechs Schritten die
Wurzel aus 5 so genau bekommen wie mit der Wurzeltaste deines Taschenrechners. Dasselbe hättest
du auch erhalten, wenn du mit einer anderen Näherung begonnen hättest. Du kannst natürlich auch
von Hand weiterrechnen. Da gibt es bei der Stellen-
zahl keine Begrenzung, und wenn du unendlich
lange rechnest, kannst du unendlich viele Dezimalstellen dieser irrationalen Zahl erhalten.« Ich konnte
Alex ansehen, daß er nicht vorhatte, sich ans Werk
zu machen.

»Es mag ja sein, daß Wurzelrechnungen für die
Technik wichtig sind«, lenkte er ein, »aber wir
haben doch eben gesehen, daß man mit sechs und
vielleicht ein paar mehr Schritten an eine Wurzel
recht genau herankommt. Sechs oder sieben Stellen
genügen doch, oder nicht? Da brauchen wir doch
gar nicht über das Unendliche zu reden.«

»Vorsicht – woher wissen wir denn, daß wir uns
dem richtigen Wert immer mehr nähern? Es könnte
ja sein, daß unsere Näherungen nur anfangs besser werden, später aber wieder schlechter. Rechenschritte, bei denen man mit einer Näherung beginnt,
sie nach einer bestimmten Regel verbessert, um das
Ergebnis als neue Näherung zu verwenden, heißen *Iterationen*. Nur wenn man weiß, daß sich die
Näherung nach unendlich vielen Schritten einem
bestimmten Wert nähert, kann man sich darauf verlassen. Für unsere Regel zur Bestimmung der Quadratwurzel haben das die Mathematiker bewiesen.
Die einzelnen Näherungen unserer Iteration sind
Punkte, die sich auf dem Zahlenstrahl häufen. Da

wir sie nur durch Addition und Division aus ursprünglich ganzen Zahlen, aus der 5 und der 10 gewonnen haben, sind sie Brüche, also rationale Zahlen. Sie häufen sich bei der Quadratwurzel von 5. Diese irrationale Zahl ist ihr Häufungspunkt.«

»Irgendwie ist es schon komisch«, sagte Alex, »da gibt es unendlich viele Brüche und dann noch unendlich viele Zahlen, die keine Brüche sind, und das sollen mehr als unendlich viele Zahlen sein?«

»Ja, das ist dann eine Art höheres Unendlich.«

»So ein Quatsch! Mehr als unendlich, was soll denn das sein?« Alex schaute ärgerlich. »Du hast mir doch beigebracht, daß ich nicht mehr bekomme, wenn ich den unendlich vielen geraden Zahlen auch die ungeraden hinzufüge. Wenn ich zu den unendlich vielen Dezimalbrüchen unendlich viele irrationale Zahlen hinzufüge, dann können es doch auch nicht mehr als unendlich viele sein.«

»Nein, denke an den Tanzlehrer. Die geraden Zahlen wie auch die ungeraden Zahlen sind abzählbar. Wenn ich sie zusammenwerfe, erhalte ich alle ganzen Zahlen, die aber sind auch abzählbar. Das geht bei den irrationalen Zahlen nicht, denn die kann ich nicht abzählen. Du kannst sie nicht wie die Brüche der Reihe nach anordnen. Versuch doch, die unendlich langen irrationalen Dezimalzahlen der Reihe nach hinzuschreiben, dazu noch die Brüche in Dezimalform. Schon nach den ersten beiden Zahlen merkst du, daß noch unendlich viele dazwischenliegen. Sie bilden eine Art höheres Unendlich.«

»Willst du mir sagen, daß es verschiedene Arten von Unendlich gibt?«

»Selbstverständlich. Der Mann, der das als erster herausfand, war der Mathematikprofessor Cantor in Halle.«

Abb. 6.1 Georg Ferdinand Ludwig Philipp Cantor

Georg Cantor

Er wurde 1845 in St. Petersburg in Rußland geboren, er starb 1918 in Halle/Saale. Vor ihm hatten bereits andere Mathematiker über unendliche Mengen nachgedacht. Schon der Astronom Galileo Galilei (1564–1642) hatte gemerkt, daß die Menge der natürlichen Zahlen und ihre

Teilmenge der Quadratzahlen gepaart werden können, also gewissermaßen »gleich viele« Elemente enthalten. Mathematiker des 19. Jahrhunderts fragten sich, ob alle Mengen abzählbar sind. Im Jahre 1873 hatte der 28jährige Cantor die Antwort: Es gibt unendlich viele Stufen des Unendlichen. Die Dezimalzahlen, also Brüche und Irrationalzahlen zusammen, sind nicht abzählbar, ihre Menge ist mächtiger als die der natürlichen Zahlen.

»Aber haben das die anderen Mathematiker nicht bemerkt, mußte ihnen das dein Cantor erst beweisen?« warf Alex ein.

»Hast du schon wieder vergessen, daß es gar nichts besagt, wenn zu einer unendlichen Menge noch einmal unendlich viele Elemente hinzukommen? Deswegen wird sie doch nicht unbedingt mächtiger. Die geraden Zahlen sind abzählbar, die ungeraden auch, wenn ich sie zu einer Menge zusammenwerfe, erhalte ich alle ganzen Zahlen, und die sind auch nicht mehr als abzählbar. Der wirkliche Grund, warum die Menge der Dezimalzahlen größer ist als die der Brüche, liegt darin, daß ich sie nicht mit den natürlichen Zahlen zu Paaren anordnen kann.«

»Und woher weißt du das?«

»Nun, ich kann es dir beweisen. Der Beweis geht ganz ähnlich wie der, als wir zeigten, daß es neben den Dezimalbrüchen noch die irrationalen Zahlen gibt [vgl. Seite 87].

Ich will erst einmal annehmen, die Dezimalzahlen zwischen 0 und 1 seien abzählbar. Dann müßte ich sie alle der Reihe nach, Zeile für Zeile, in Dezimalform hinschreiben können. In dieser Liste müßten dann alle Dezimalzahlen zwischen 0 und 1 vorkommen. Ich stelle mir vor, ich könnte das tun, und will dir dann zeigen, daß es noch andere Dezimalzahlen gibt, die in meiner Liste nicht enthalten sind. Daraus folgt dann, daß die Dezimalzahlen nicht abzählbar sind.«

»Da bin ich aber gespannt, wie du die unendlich vielen unendlich langen Dezimalzahlen hinschreiben willst.«

»Natürlich kann ich nur andeuten, wie meine Tabelle aussieht, aber daran kannst du schon erkennen, wie mein Beweis läuft.«

Damit begann ich mit meiner Tabelle der Dezimalzahlen zwischen 0 und 1:

$$1: 0,* * * * * * * * * * \ldots$$
$$2: 0,* * * * * * * * * * \ldots$$
$$3: 0,* * * * * * * * * * \ldots$$
$$4: 0,* * * * * * * * * * \ldots$$
$$5: 0,* * * * * * * * * * \ldots$$
$$6: 0,* * * * * * * * * * \ldots$$
.
.

»Das ist ja eine komische Tabelle«, wunderte sich Alex. »Kannst du mir sagen, was das soll?«

»Die Sterne bedeuten Ziffern. Da ich nicht weiß, wie ich die Dezimalzahlen der Reihe nach anordnen kann, habe ich ganz allgemein Sterne statt Ziffern geschrieben. Wie immer ich die Dezimalzahlen angeordnet habe und wie die einzelnen genau aussehen, ich werde dir zeigen, daß es zwischen 0 und 1 Dezimalzahlen gibt, die in meiner Anordnung gar nicht auftauchen. Daraus folgt dann, daß es mir nicht gelingt, die unendlich vielen Dezimalzahlen so anzuordnen, daß ich sie der Reihe nach abzählen kann, ohne auch nur eine einzige vergessen zu haben. Damit ist dann bewiesen, daß die Menge der Dezimalzahlen zwischen 0 und 1 nicht abzählbar ist, sie ist mächtiger als die Menge der natürlichen Zahlen, also mächtiger als abzählbar.«

»Jetzt habe ich es vergessen – was mußt du mir eigentlich noch beweisen?«

»Ich muß dir mindestens eine Dezimalzahl nennen, die in meiner unendlichen Tabelle nicht vorkommt.«

Ich markierte die Ziffern in einer Diagonalen der Liste mit dem Dollarzeichen:

$$1: 0,\$ * * * * * * * * * \ldots$$
$$2: 0,* \$ * * * * * * * * \ldots$$
$$3: 0,* * \$ * * * * * * * \ldots$$
$$4: 0,* * * \$ * * * * * * \ldots$$
$$5: 0,* * * * \$ * * * * * \ldots$$
$$6: 0,* * * * * \$ * * * * \ldots$$
.
.

»Was soll denn das schon wieder? Kommst du endlich zu deinem Beweis?« Alex wurde ungeduldig.

»Ich konstruiere nun eine neue Dezimalzahl und beginne mit der 0 und dem Komma. Jetzt verfahre ich ganz so wie schon früher mal [vgl. Seite 86]. Die nächste Ziffer meiner neuen Zahl soll sich von der Ziffer unterscheiden, die an der Stelle des Dollarzeichens der ersten Zeile steht. Die nächste Ziffer meiner neuen Zahl soll anders sein als die an der Stelle des zweiten Dollarzeichens. So fahre ich fort und erhalte eine unendlich lange neue Dezimalzahl, die garantiert nicht in meiner Liste steht. Sie unterscheidet sich ja von jeder Zahl der Liste an mindestens einer Stelle. Damit ist bewiesen, daß ich die unendlich langen Dezimalzahlen nicht alle zeilenweise anordnen, also nicht zählen kann: Sie sind nicht abzählbar. Ihre Mächtigkeit ist größer als die der abzählbaren Mengen.

Es gibt also verschiedene Arten von Unendlich. Als Cantor das erkannt hatte, mußte er ihnen auch einen Namen geben. Er benutzte dazu einen Buchstaben aus dem hebräischen Alphabet, der *Aleph* heißt und – stark vergrößert – so aussieht:

Das abzählbar Unendliche ist die niedrigste Stufe des Unendlichen, Cantor hängte dafür dem Aleph eine kleine Null an: $\aleph_0$. Bald konnte er zeigen, daß es noch sehr viel mehr Arten des Unendlichen gibt. Das Aleph mit der Null ist gewissermaßen das armseligste Unendlich, das es gibt. Alle anderen Unendlich sind größer.

Wir haben gesehen, daß die Menge der Dezimalzahlen mächtiger als abzählbar ist. Wir können jede

Dezimalzahl als Abstand eines Punktes von der Null des Zahlenstrahls darstellen. Umgekehrt ist der Abstand jedes Punktes auf ihm eine Dezimalzahl. So sind die Punkte auf der Zahlengeraden mit den Dezimalzahlen gepaart. Deshalb sind die Menge der Dezimalzahlen und die Menge der Punkte auf dem Strahl gleich mächtig. Cantor nannte deren Größe $\aleph_1$. Wir wissen bereits, daß $\aleph_1$ größer ist als $\aleph_0$.«

»Jetzt hast du mir also zwei unendliche Zahlen genannt, das $\aleph_0$ und das $\aleph_1$. Ist das alles, oder gibt es noch mehr unendlich große Zahlen?« fragte Alex.

»Es gelang Cantor, sich noch mächtigere Mengen auszudenken.«

»Mengen, die noch größer sind als die Menge aller Punkte auf der Geraden?«

Unendlich viele Unendlichkeiten

»Ich will dir ein Rezept verraten, wie du unendlich viele noch unendlichere Mengen bekommen kannst. Erinnerst du dich noch, wie wir die Anzahl der Teilmengen einer Menge bestimmt haben? [vgl. Seite 53]. Wir sahen, daß die Anzahl der Teilmengen einer Menge größer ist als die Menge selbst. Das war einfach, weil es neben den Elementen der ursprünglichen Menge noch andere Teilmengen gibt. Bei endlichen Mengen ist das leicht zu sehen. Es gilt aber auch für unendliche Mengen. Bei ihnen ist die Menge aller Teilmengen einer Menge mächtiger als die Menge selbst. Da der Beweis recht kompliziert ist, will ich dich damit allerdings verschonen.«

»Wow! Das bedeutet also, daß die Menge aller

Teilmengen einer abzählbaren Menge mächtiger ist als nur abzählbar. Dann kann ich aber aus dieser Menge wieder alle Teilmengen zu einer Menge vereinigen, die dann noch mächtiger ist, und daraus wieder die Menge aller Teilmengen, und die ist wieder mächtiger. Das hört ja nie auf!«

»Richtig, so kannst du dir eine Folge von Mengen vorstellen, eine mächtiger als die andere. Cantor bezeichnete die Mächtigkeiten dieser Mengen mit $\aleph_0$, $\aleph_1$, $\aleph_2$ und so fort.«

Noch verrückter

»Ich werde dir jetzt zeigen, daß die Menge der Punkte zwischen 0 und 1 des Zahlenstrahls genauso mächtig ist wie die Menge aller Punkte zwischen 0 und ∞.«

»Was? So ein Quatsch!« begehrte Alex auf. »Die Punkte der ersten Menge sind nur ein kleines Stückchen, die zweite Menge besteht aber aus den Punkten des ganzen Zahlenstrahls.«

»Na und?« fragte ich. »Hast du es schon wieder vergessen? Du weißt doch, daß es für die Mächtigkeit einer unendlichen Menge gar nichts bedeuten muß, wenn zu ihr noch weitere Elemente hinzukommen.« Ich nahm ein Blatt Papier, zeichnete den Zahlenstrahl und setzte 0 und 1 auf ihre Plätze.

Dann zeichnete ich einen Viertelkreis darüber [vgl. Abb. 6.2] und paarte die Punkte der Strecke zwischen 0 und 1 mit denen des Kreisbogens.

»Du siehst, die Menge der Punkte der Strecke zwischen 0 und 1 und die der Punkte des Viertelkreises

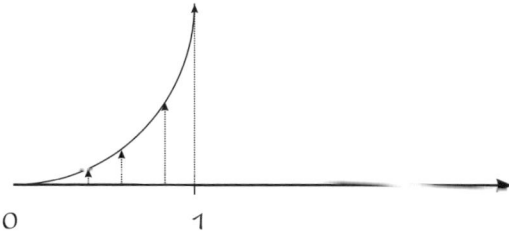

O   1

Abb. 6.2 Die Menge der Punkte des Zahlenstrahls zwischen O und 1 und die der Punkte des Viertelkreises sind gleich mächtig, denn ich kann sie durch Pfeile zu Paaren anordnen.

sind gleich mächtig, denn ich kann sie miteinander paaren. Jetzt ziehe ich vom Mittelpunkt des Bogens gerade Linien zum Zahlenstrahl. Damit verbinde ich jeden Punkt des Bogens mit einem Punkt des Strahls, und sei er noch so weit rechts. Jetzt habe ich auch die Punkte des Bogens mit denen des unendlich langen Zahlenstrahls gepaart. Daraus folgt, daß auch die Menge der Punkte des Bogens und die Menge der Punkte des Strahls gleich mächtig sind. Aus beiden Schritten folgt, daß die Mengen der Punkte zwischen O und 1 und die aller Punkte des Zahlenstrahls die gleiche Mächtigkeit haben.«

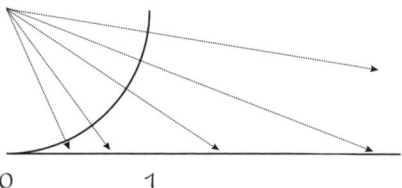

O   1

Abb. 6.3 Die Menge der Punkte des Viertelkreises und die des Zahlenstrahls von O bis unendlich haben die gleiche Mächtigkeit.

Alex schaute nachdenklich auf das Blatt.

»Komisch ist das schon, aber so, wie du mir das erklärt hast, kann ich nichts dagegen sagen.«

Der unendlich ferne Punkt

»Wir haben jetzt Zirkel und Lineal gebraucht, um die Punkte von Strecke, Viertelkreis und Zahlenstrahl zu Paaren anzuordnen. Wir benutzten also Hilfsmittel der Geometrie. In ihr spielt das Unendliche eine besondere Rolle, auf die wir noch kommen werden. Aber die Geraden, welche vom Mittelpunkt des Viertelkreises zum Zahlenstrahl gehen, lassen noch etwas erkennen.«

Ich machte eine neue Zeichnung, mit einer Geraden und darüber einem Punkt P, durch den ich punktierte gerade Linien zog. Jede traf auf die untere Gerade und hatte mit ihr einen Schnittpunkt.

»Jetzt schau auf die Schnittpunkte. Wenn die Gerade nach rechts steil abfällt, liegt der Schnittpunkt

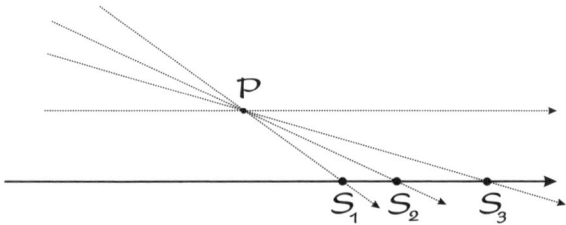

Abb. 6.4   Die Schnittpunkte S_1, S_2 und S_3 auf der unteren horizontalen Geraden liegen immer weiter rechts, je geringer die Steigung der Geraden durch den Punkt P ist. Im Grenzfall liegt der Schnittpunkt rechts im Unendlichen.

wie der Punkt S_1 [in der Abb. 6.4] nahe der Bild-
mitte. Je flacher die Gerade, um so weiter rutscht der
Schnittpunkt nach rechts. Das kann ich so weit treiben, bis der Schnittpunkt außerhalb des Papiers
liegt.«

»Der Punkt rutscht ins Unendliche!« rief Alex.

»Richtig!« sagte ich, »und wenn das so ist, nennen
wir die beiden Geraden *parallel*. Sie haben dann
ihrer ganzen Länge nach immer den gleichen Abstand.«

Ich wollte aber an dieser Stelle vorerst nicht fortfahren. Erstmal mußte ich Alex von einigen Merkwürdigkeiten erzählen, denen man begegnet, wenn
unendlich viele Zahlen zusammengezählt werden.

7. Wie man auch mit unendlicher Mühe nichts Unendliches erreicht

Als Alex am nächsten Tag wiederkam, hatte ich für ihn eine Geschichte parat, eigentlich ein Rätsel.

Achill und die Schildkröte

»Eine Schildkröte will sich mit Achill im Wettlauf messen. Da dieser weiß, daß er der Schnellere ist, gibt er ihr großzügig einen Vorsprung von 100 Metern. Erst dann läuft er los. Natürlich hat er die Hundertmetermarke in kürzester Zeit erreicht. Doch inzwischen ist auch die Schildkröte ein kleines Stück weitergekommen. Um auch das zurückzulegen, braucht Achill zwar nur kurze Zeit, doch inzwischen ist die Schildkröte wieder ein Stückchen weiter. Bis Achill den neuen Vorsprung aufgeholt hat, ist die Schildkröte wiederum etwas weiter. Das geht so fort. An welchem Ort Achill auch ankommt, immer ist die Schildkröte schon ein Stückchen weiter. Du siehst, Achill wird sie nie und nimmer einholen. Natürlich wissen wir, daß es in Wahrheit für den schnellen Läufer ein leichtes ist, das Tier zu überholen. Aber was ist denn an dieser Überlegung falsch?«

Abb. 7.1   Wird Achill die Schildkröte einholen?

Alex dachte nach.

»Dieses Rätsel heißt *Zenonsches Paradoxon*«, erklärte ich weiter. »Zenon von Eleia war ein griechischer Philosoph, der etwa 450 Jahre vor Christus lebte. Ich habe diese Geschichte von meinem Mathematiklehrer. Mein Freund Emil und ich schlichen uns seinerzeit in die Turnhalle und spielten den Wettlauf nach, um herauszufinden, wo der Überlegungsfehler liegt. Emil, der im Sport besser war als ich, wollte selbstverständlich Achill sein. Mir blieb die Schildkröte, und ich bekam einen Vorsprung von 10 Metern. Als Emil aufzuholen versuchte, machte ich einen kleinen Schritt vorwärts. Dann war er dran, dann wieder ich – wir kamen damals nicht drauf, wo der Denkfehler liegt.«

»Komisch, ich weiß es auch nicht«, sagte Alex.

»Emil und ich hätten nachrechnen sollen. Achill läuft 100 Meter in 10 Sekunden, die Schildkröte in der gleichen Zeit aber nur einen Zentimeter. Nach 10 Sekunden hat Achill den Vorsprung von 100 Metern eingeholt. Inzwischen ist aber das Tier einen Zentimeter weiter. Für diese Strecke benötigt Achill 0,001 Sekunden. Inzwischen ist die Kröte 0,0001 Zentimeter weiter. Achill schafft diese Entfernung in 0,0000001 Sekunden. Bisher sind 10 + 0,001 + 0,0000001 = 10,0010001 Sekunden verstrichen. So geht es weiter, in immer kürzeren Schritten. Die Summe aller dieser immer kleiner werdenden Zeitschritte ist 10,001000100010001 . . . Sekunden. Das aber ist eine endliche Zahl, denn sie ist ja kleiner als 10,1. Nach 11 Sekunden ist der Wettkampf längst zugunsten von Achill entschieden!«

Während ich die Geschichte erzählte, fiel mir noch eine andere ein.

Die Mathematik des Eisessens

»Die Summe aus unendlich vielen Zahlen ist eben nicht immer unendlich groß«, sagte ich. Das war Alex offensichtlich neu, so erzählte ich weiter:

»Heinrich Spoerl, der Verfasser der später mit Heinz Rühmann verfilmten *Feuerzangenbowle*, schrieb einmal eine Geschichte, in der ein junger Mann in der Eisdiele sitzt und plötzlich merkt, daß er kein Geld bei sich hat. Was wird geschehen, wenn er schließlich zahlen muß? In der Not hat er eine rettende Idee: Er braucht immer nur die Hälfte der vorhandenen Menge Eis auf den Löffel zu nehmen. Anfangs hat er zwei Eiskugeln und nimmt zuerst eine ganze, dann eine halbe, danach eine Viertelkugel – so macht er weiter. Zwar werden die Portionen immer kleiner: 1, 1/2, 1/4, 1/8, . . . Kugel, doch stets hätte er noch etwas im Becher. Damit schiebt er den peinlichen Augenblick des Zahlens beliebig weit hinaus.« Alex gefiel das.

»Verändern wir die Geschichte, lassen wir ihn das Eis, statt es zu essen, in einen zweiten Becher schaufeln. Trotz der unendlich vielen Schritte bleibt die Menge dort endlich, am Ende sind es zwei Eiskugeln. Daraus folgt:

$$1 + 1/2 + 1/4 + 1/8 + 1/16 + \ldots = 2$$

Wir haben diese Summe mit Hilfe von Speiseeis berechnet! Die Summe aus unendlich vielen Zahlen heißt eine *unendliche Reihe*.«

»Kein Wunder, weil das, was du dazuzählst, immer weniger wird, wächst die Gesamtsumme nicht ins Unendliche«, sagte Alex. »Ist doch ganz einfach!«

»Irrtum! Es gibt auch Summen, bei denen du immer kleinere Zahlen addierst und die Summe trotzdem unendlich wird.«

Alex schaute mich ungläubig an.

»Die Summe der Reihe

$$1 + 1/2 + 1/3 + 1/4 + 1/5 + 1/6 + \ldots,$$

auch die *harmonische Reihe* genannt, wird nämlich unendlich. Wenn du es nicht glaubst, rechne es auf dem Taschenrechner nach. Du wirst merken, daß die Summe allmählich über alle Maßen wächst. Das läßt sich aber auch beweisen.

108

Warum die harmonische Reihe ins Unendliche wächst

Schreiben wir sie erst einmal hin:

$$1 + 1/2 + 1/3 + 1/4 + 1/5 + 1/6 + 1/7 + \ldots$$

Jetzt nehmen wir das erste Glied, die 1: Es ist größer als 1/2. Dann die nächsten zwei Glieder: $1/2 + 1/3$. Jedes ist größer als 1/4, zusammen sind sie größer als 1/2. Nehmen wir die nächsten vier Glieder: $1/4 + 1/5 + 1/6 + 1/7$. Jedes ist größer als 1/8, also sind auch sie zusammen größer als $4/8 = 1/2$. So geht es weiter, auch bei den nächsten acht Gliedern ist jedes größer als 1/16. Zusammen sind sie also größer als $8/16 = 1/2$. Danach kommen die nächsten 16 Glieder, dann die nächsten 32 und so weiter. So läßt sich die Reihe in unendlich viele Teilsummen zerlegen, von denen jede größer als 1/2 ist. Also ist die Summe der harmonischen Reihe größer als $\infty \times 1/2 = \infty$.

Kehren wir noch einmal zu den Eiskugeln zurück. Die Summe der unendlichen Reihe, die wir mit Hilfe der beiden Eiskugeln berechnet haben [vgl. Seite 108], hat die Eigenschaft, daß jedes Glied der Reihe halb so groß ist wie sein Vorgänger. Wenn du ein Glied der Reihe mit 1/2 multiplizierst, erhältst du das nächste. Statt 1/2 könntest du auch irgendeine andere Zahl nehmen, vielleicht 2 oder 0,7. Die erste dieser Reihen sähe dann so aus:

$$1 + 2 + 4 + 8 + 16 + 32 + \ldots$$

und die zweite – jetzt muß ich deinen Taschenrechner zu Hilfe nehmen –

$$1 + 0,7 + 0,49 + 0,343 + 0,2401 +$$
$$0,16807 + 0,117649 + \ldots$$

Unendliche Reihen, deren Glieder durch Multiplikation mit einer festen Zahl aus ihrem jeweiligen Vorgänger hervorgehen, heißen *geometrische Reihen*. Sie sind eine Teilmenge der unendlichen Reihen. Die harmonische Reihe gehört nicht zu ihnen. Kannst du mir die Summen der obigen beiden Reihen sagen?«

Alex, nach einigem Nachdenken: »Die Summe der ersten Reihe ist Unendlich.«

»Und woher weißt du das?«

»Na, jedes Glied ist größer als 1. Wenn ich die 1 unendlich oft addiere, kriege ich Unendlich, das ist doch klar.«

»Und die zweite Reihe?« Da mußte Alex passen. Das hatte ich erwartet, ich mußte ihm helfen.

»Das ist tatsächlich nicht ganz einfach zu sehen. Dazu mußt du einen Trick verwenden, der ganz ähnlich dem Trick ist, mit dem der kleine Gauß seinen Lehrer überraschte [vgl. Seite 40]. Ich schreibe die Reihe hin und bezeichne ihre Summe mit S. Dann multipliziere ich alle Glieder der Reihe mit 0,7. Dann ist die Summe der neuen Reihe 0,7 × S, und ich schreibe sie so hin, daß die gleichen Glieder der beiden Reihen untereinander stehen:

110

$$S = 1 + 0,7 + 0,49 + 0,343 + 0,2401 + 0,16807 \ldots$$
$$0,7 \times S = \quad 0,7 + 0,49 + 0,343 + 0,2401 + 0,16807 \ldots$$

Dann ziehe ich die zweite Zeile von der ersten ab und erhalte

$$S - 0,7 \times S = 0,3 \times S - 1$$

oder

$$S = 1/0,3 = 3,33333333 \ldots$$

Du siehst, die Reihe hat als Summe eine endliche Zahl, obwohl sie unendlich viele Glieder hat. Solche Reihen heißen *konvergente Reihen*, andere, die über alle Maßen wachsen, heißen *divergente Reihen*. Die erste unserer beiden geometrischen Reihen ist divergent, die zweite konvergent [vgl. Seite 110].

Ich habe die Summe der geometrischen Reihe berechnet, bei der jedes Glied aus seinem Vorgänger durch Multiplikation mit $0,7$ hervorgeht, und $S = 1/(1 - 0,7)$ erhalten. Statt $0,7$ kann ich auch die allgemeine Zahl q nehmen. Die Summe wird dann entsprechend $S = 1/(1 - q)$. Wenn $q = 1/2$ ist, erhalte ich $S = 2$ wie beim Eisessen.

Aber geometrische Reihen konvergieren nur, wenn jedes Glied kleiner ist als sein Vorgänger. Ist es größer, divergiert die Reihe, das hast du ja schon an der Reihe mit $q = 2$ gesehen.« [vgl. Seite 110]

In der Falle

»Deine Formel für die Summe einer geometrischen Reihe ist falsch«, sagte Alex plötzlich.

»Warum?« wollte ich wissen.

»Wir sind uns doch darüber einig, daß $1 + 2 + 4 + 8 + 16 + \ldots$ unendlich wird. Es ist sogar eine geometrische Reihe, denn jedes Glied geht aus seinem Vorgänger durch Multiplikation mit 2 hervor. Also ist das q in deiner Formel gleich 2. Wenn ich aber für q die 2 einsetze, bekomme ich $(1 - 2) \times S = 1$ oder $S = -1$, kannst du mir das erklären? Ich zähle 1, 2, 4, ... zusammen. Alle Zahlen sind positiv, und das Ergebnis soll eine negative Zahl sein?«

Alex hatte mich tatsächlich in eine Falle gelockt. Wo aber hatte ich bei der Herleitung der Formel

$$S = 1/(1 - q)$$

einen Fehler gemacht? – Die Lösung findet der Leser im Anhang A.

Eine komische Reihe

»Es gibt aber auch unendliche Reihen, die weder konvergieren noch divergieren«, fuhr ich fort.

»Was soll das denn?« rief Alex unwillig. »Entweder ich kriege beim Zusammenzählen eine endliche Zahl oder nicht. Nur eines geht!«

»Irrtum – es kann auch sein, daß du gar kein richtiges Ergebnis bekommen kannst.«

Alex schaute mich verwundert an. Deshalb schrieb ich die folgende Reihe auf:

$$1 - 1 + 1 - 1 + 1 - 1 \ldots$$

»Das ist eine geometrische Reihe mit $q = -1$.«

»Was soll denn das?« rief Alex. »Wenn ich das der Reihe nach zusammenzähle, bekomme ich ja mal eine 1, mal eine 0, und das geht ewig weiter. Daß diese Reihe keine richtige Summe hat, ist klar.«

»Richtig, sie konvergiert nicht, denn die Gesamtsumme steht nicht fest, sie ist aber auch nicht unendlich. Mit Klammern deute ich dir jetzt an, welche Einzelrechnungen du zuerst ausführen sollst.«

Ich schrieb hin:

$$(1 - 1) + (1 - 1) + (1 - 1) \ldots$$

»Wenn du die Rechnungen in den Klammern ausführst, erhältst du jeweils 0. Beim Zusammenzählen mußt du nur Nullen addieren. Das Ergebnis ist also 0.«

Alex leuchtete das ein.

Dann schrieb ich:

$$1 + (- 1 + 1) + (- 1 + 1) + (- 1 + 1) \ldots$$

»Jetzt kommen nach der 1 am Anfang nur Klammern, die alle 0 sind. Das Ergebnis ist diesmal 1.«

»Das ist aber komisch, ich habe noch niemals gehört, daß beim Zusammenzählen das Ergebnis davon abhängt, in welcher Reihenfolge ich addiere. Bei $1 + 2 + 3 + 4 + 5 + 6$ kann ich Klammern setzen, wie ich will, so ist

$$(1 + 2) + (3 + 4) + (5 + 6) = 21$$

und

$$1 + (2 + 3) + (4 + 5) + 6 = 21$$

Also beide Male dasselbe.«

»Deine Reihen sind eben endlich. Da ist alles einfach. Sobald das Unendliche ins Spiel kommt, wird es anders.«

113

Alex dachte eine Weile nach. Dann sagte er: »Das ist ja ganz schön, aber ich werde nie unendlich viele Zahlen addieren. Warum werden eigentlich Leute dafür bezahlt, damit sie uns sagen, was herauskommt, wenn ich so was mache?«

»Ganz einfach«, antwortete ich, »ohne die Überlegungen zum Unendlichen hätte niemand einen Hubschrauber bauen können und auch keinen Computer.«

»Das kapier ich nicht. Was hat denn ein Hubschrauber mit dem Unendlichen zu tun?« warf Alex ungläubig ein. »Der paßt doch auf jeden Schulhof, und dein Laptop steht auf deinem Schreibtisch. Der nimmt auch nicht viel Platz weg.«

»Nein, an den Geräten ist nichts unendlich groß. Aber zu ihrer Herstellung wurden Rechenregeln benutzt, auf die niemand gekommen wäre, ohne über das Unendliche nachzudenken.«

»Das verstehe ich überhaupt nicht – wenn ich etwas Endliches baue, brauche ich doch nicht an das Unendliche zu denken.«

»Na warte, du wirst deine Meinung schon noch ändern.«

8. Die Welt der Dreiecke und Kreise

»Dem Unendlichen begegnest du nicht nur bei Zahlen. Wir haben schon gesehen, daß der Schnittpunkt zweier Geraden aus deinem Zeichenblatt hinaus ins Unendliche rutschen kann [vgl. Seite 102]. Aber auch bei Figuren, die bequem auf deinem Zeichenpapier Platz haben, kommst du ohne das Unendliche nicht aus. Zeichne zum Beispiel mit dem Zirkel einen Kreis. Welchen Umfang hat er?«

»Je größer der Durchmesser, um so größer sein Umfang«, antworte Alex.

»Ja, aber wenn der Durchmesser zehn Zentimeter beträgt, wie lang ist der Umfang, und wie groß ist die Kreisfläche?«

Alex schaute ratlos.

»Obwohl der Kreis bequem auf das Papier paßt, brauchen wir zur Beantwortung meiner beiden Fragen das Unendliche. Aber langsam, ich will dir zuerst nur von Dreiecken erzählen, denn sie sind ein wichtiges Werkzeug, um dem Unendlichen näherzurücken. Dazu genügen schon besonders einfache, sie sollen nämlich alle an einer Ecke einen rechten Winkel haben. Du weißt doch, was ein rechter Winkel ist?«

»Na klar, die Winkel eines Fußballplatzes sind rechte, aber bei einer Schere kann ich die Winkel zwischen den Schneiden machen, wie ich will.«

Ein Satz für besondere Dreiecke

»Es gibt viele verschiedene Dreiecke, die einen rechten Winkel haben, es sind die *rechtwinkligen Dreiecke*.«

»Na und?« Alex schaute nicht gerade begeistert.

»Jedes dieser Dreiecke hat drei Seiten«, erklärte ich ihm.

»Du weißt, ich bin nicht mehr im Kindergarten. Eine Seite steht dem rechten Winkel gegenüber, sie ist von allen dreien die längste und heißt *Hypotenuse*. Die beiden anderen sind die *Katheten*. Das haben wir doch schon in der Schule gehabt.«

»Gut!« sagte ich. »Ich zeichne jetzt ein rechtwinkliges Dreieck mit 3 und 4 Zentimeter langen Katheten. Was meinst du, wie lang die Hypotenuse ist?«

Alex nahm sein Lineal und prüfte.

»Soweit ich messen kann, sind es genau 5 Zentimeter. Hast du ja fein hingekriegt.«

»Merkst du was?« fragte ich.

»Was soll ich denn merken?«

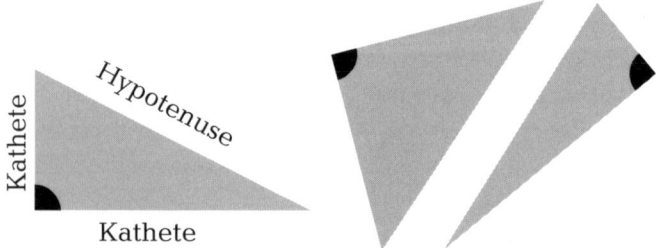

Abb. 8.1 Rechtwinklige Dreiecke. Der rechte Winkel ist jeweils schwarz hervorgehoben.

»Multipliziere jede Seitenlänge mit sich selbst, nimm sie also zum Quadrat. Was bekommst du?«

»Na, $3^2 = 9$, $4^2 = 16$ und $5^2 = 25$, was soll da Besonderes sein?« Alex starrte auf die Zahlen. Dann zeigte sein Gesicht, daß er etwas gemerkt hatte.

»$9 + 16$ ist 25, also $3^2 + 4^2 = 5^2$. Da hast du mir ja ein ganz besonderes Dreieck hingemalt.«

»Nein«, sagte ich, »für alle rechtwinkligen Dreiecke gilt, daß die Summe der Quadrate ihrer Katheten gleich dem Quadrat der Hypotenuse ist. Das ist ja das Tolle an der Mathematik, daß sie Regeln liefert, die für unendlich viele Dinge gelten, ohne daß man sie für jedes einzelne ausprobieren muß. Ich kann dir beweisen, daß die Regel für alle rechtwinkligen Dreiecke gilt.«

»Bin ich aber gespannt.«

»Du weißt ja, die Fläche eines Quadrates erhältst du, indem du die Seitenlänge mit sich selbst multiplizierst.«

Ich malte zwei gleich große Quadrate [vgl. Abb. 8.2]. In jedes zeichnete ich viermal ein rechtwinkliges Dreieck, beide Male in anderer Anordnung [in der Abbildung grau gefüllt].

»Links hat die weiße Fläche die Form eines Quadrats, es hat die Seitenlänge der Hypotenuse des vierfach gezeichneten Dreiecks. Rechts dagegen sind zwei Quadrate weiß, jedes hat die Seitenlänge einer der beiden Dreieckskatheten. In beiden Bildern haben die weißen Flächen jeweils die Fläche des großen Quadrats minus der Flächen der vier Dreiecke. Daraus folgt, daß links und rechts die weißen Felder gleich sind. Links aber ist das Quadrat der Hypotenuse weiß, rechts sind es die Qua-

 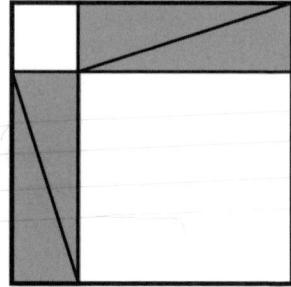

Abb. 8.2 Im linken Quadrat ist die weiße Fläche das Quadrat der Hypotenusen der vier rechtwinkligen grauen Dreiecke. Sie ist also gleich der Fläche des ganzen Quadrats minus der vierfachen Dreiecksfläche. Im rechten Bild sind die beiden weißen Flächen die Quadrate der beiden Katheten der Dreiecke. Die weiße Gesamtfläche ist gleichfalls die Fläche des ganzen Quadrats minus der vier Dreiecksflächen. Also ist die weiße Fläche im linken Bild genauso groß wie im rechten Bild die beiden weißen Flächen zusammen. Das ist der Satz des Pythagoras.

drate der beiden Katheten. Also folgt, daß die Gesamtfläche der beiden Kathetenquadrate gleich der Fläche des Hypotenusenquadrates ist. Damit habe ich die Regel bewiesen – sie wird nach dem griechischen Mathematiker Pythagoras als der *pythagoreische Lehrsatz* bezeichnet. Pythagoras lebte etwa 500 Jahre vor Christus. Wahrscheinlich haben aber die Chinesen den Satz schon Jahrhunderte vor Pythagoras gekannt.«

»Aber du hast ihn mir doch nur für das Dreieck bewiesen, das du gezeichnet hast, warum gilt er dann für alle Dreiecke?« wollte Alex wissen,

»Weil du mit jedem rechtwinkligen Dreieck zwei solche Zeichnungen machen kannst. Daraus folgt, daß der Satz für alle rechtwinkligen Dreiecke gilt.«

»Und wozu ist dein Pythagoras gut?«

»Wenn wir von einem rechtwinkligen Dreieck zwei Seiten wissen, dann können wir die dritte Seite ausrechnen, das werden wir gleich brauchen.«

Das Geheimnis des Kreises

»Wir werden jetzt auf dem Umweg über das Unendliche den Umfang eines Kreises berechnen.« Inzwischen hatte Alex seinen Zirkel genommen und einen Kreis gezeichnet.

»Der Abstand der beiden Zirkelspitzen ist der *Radius* deines Kreises. Die Länge der Kreislinie ist der *Umfang* des Kreises, er umschließt die *Kreisfläche*.«

»Und was hat das mit dem Unendlichen zu tun?«

»Weißt du, wie die drei Begriffe Radius, Umfang und Kreisfläche miteinander zusammenhängen?«

Alex schaute ziemlich ratlos.

»Zuerst will ich dir den Zusammenhang zwischen Umfang und Fläche zeigen«, fuhr ich fort. »Wir teilen den Kreis wie eine Torte in mehrere gleich große Stücke [vgl. Abb. 8.3].

Jetzt zeichnen wir die Tortenstücke noch einmal nebeneinander, aber Tortenrand mal oben, mal nach unten. Du siehst, der Kreis und die zusammengesetzten Tortenstücke haben die gleiche Fläche. Je feiner du deinen Kreis teilst, um so mehr ähneln sie zusammengesetzt einem Rechteck. Vergiß nicht, die Fläche der zusammengesetzten Stücke ist dieselbe wie die deines Kreises. Die Fläche eines Rechteckes aber ist...?«

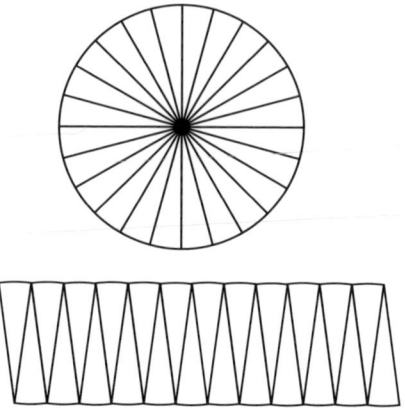

Abb. 8.3   Eine Kreisfläche läßt sich in »Tortenstücke« teilen, die Dreiecken ähneln. Diese lassen sich so zusammensetzen, daß sie fast ein Rechteck, genauer ein Parallelogramm, bilden. Die eine Seite ist gleich dem Kreisradius, die andere entspricht angenähert dem halben Kreisumfang. Je mehr Tortenstücke, um so besser wird die Annäherung. Die Flächeninhalte von Kreis und Rechteck nähern sich einander, je feiner man die Kreisfläche in Tortenstücke unterteilt. Die Rechtecksfläche, also auch die Kreisfläche, ist genähert Kreisradius mal halbem Kreisumfang.

»Länge mal Höhe«, fiel mir Alex ins Wort.

»Richtig. Die Höhe ist der Radius deines Kreises. Wie aber ist es mit der Länge? Die beiden horizontalen Seiten des Rechteckes bestehen aus Stücken des Tortenrandes. Zusammen sind sie genauso lang wie der Umfang der Torte. Also ist die Länge des angenäherten Rechteckes etwa gleich dem halben Umfang deines Kreises. Daraus folgt für den Kreis:

$$\text{Fläche} = \text{Radius} \times \text{halber Kreisumfang}$$

Du siehst, wir haben dieses Ergebnis dadurch erhalten, daß wir die Torte in unendlich feine Stücke zerteilt haben. Diese haben wir dann auf eine andere Weise wieder zusammengesetzt.«

»Das war zwar raffiniert, aber viel hat uns dein Unendliches nicht gebracht«, sagte Alex. »Wie groß sind denn Umfang und Fläche des Kreises, wenn ich meinen Zirkel um 5 Zentimeter öffne? Dann bekomme ich doch einen Kreis mit einem Radius von 5 Zentimetern, der Durchmesser ist 10 Zentimeter – und wie groß ist jetzt der Umfang?«

»Das hat schon der alte Archimedes herausgefunden. Ich will versuchen, dir seinen Weg vorzuführen, werde aber nicht alle Einzelheiten vorrechnen. Sehen wir uns dazu einen Kreis an, in den wir ein Sechseck mit gleich langen Seiten und gleich großen Winkeln zeichnen.

Mit Archimedes werden wir aus dem Sechseck ein Zwölfeck, danach ein 24-Eck und ein 48-Eck machen und so schrittweise die Zahl der Seiten und Ecken verdoppeln. Dabei nähert sich der Umfang der Vielecke dem Umfang des Kreises, denn die Vielecke schmiegen sich mit wachsender Eckenzahl immer mehr an den Kreis an.

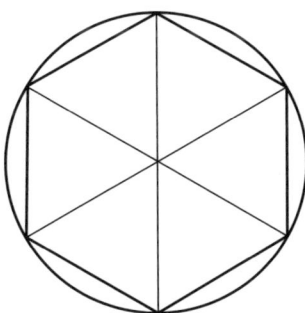

Abb. 8.4 Ein Kreis wird durch ein Sechseck in seinem Inneren angenähert.

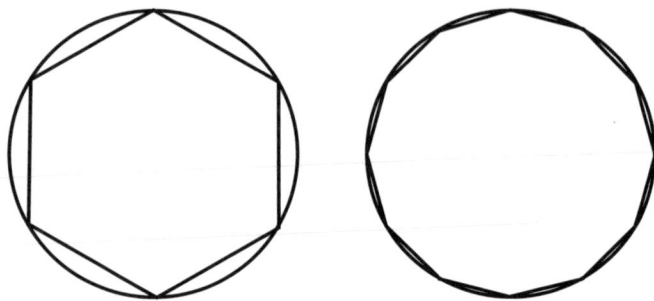

Abb. 8.5 Sechseck und Zwölfeck im Kreis. Je mehr Ecken, um so mehr nähert sich das Vieleck dem Kreis, und um so mehr nähert sich sein Umfang dem des Kreises.

Ich will zeigen, wie man die einzelnen Schritte ausführen kann. Um letztlich den Umfang des Vieleckes zu erhalten, werden wir zweimal den Satz des Pythagoras benutzen. Erinnere dich, wir wollen rechtwinklige Dreiecke suchen, von denen zwei Seiten bekannt sind. Pythagoras sagt uns dann die dritte.« – Wie die genaue Rechnung geht, findet der Leser in Anhang B.

»Beginnen wir mit dem Sechseck. Dieses kann ich [vgl. Abb. 8.4] in sechs Dreiecke zerteilen mit jeweils gleich langen Seiten. Betrachten wir eines dieser Dreiecke.«

Ich machte eine neue Zeichnung [vgl. Abb. 8.6].

»Jede seiner Seiten ist so lang wie der Kreisradius. Deshalb ist der Umfang des Sechsecks gleich 6 Kreisradien oder 3 Kreisdurchmessern.«

Alex schaute sich meine Zeichnung an. Ich hatte die Dreiecksseite am Rand des Kreises, ich will sie die *Außenseite* nennen, dick gezeichnet. Ihre Länge ist 1/6 des Umfangs des Sechsecks. Also ist der Um-

122

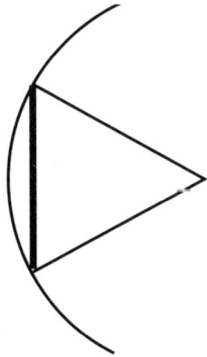

Abb. 8.6 Ein Teildreieck des Sechsecks

fang des Sechseckes 6 Kreisradien oder 3 Kreisdurchmesser. Der Umfang des Kreises ist größer.
»Jetzt kommt der nächste Schritt, der zum Zwölfeck. Dazu halbiere ich die Außenseite [vgl. Abb. 8.7]
unseres Dreiecks. Die Halbierungslinie geht durch
den Kreismittelpunkt und durch die Mitte der Außenseite. Wie weit ist diese vom Kreismittelpunkt entfernt?«

Alex zuckte mit den Achseln.

»Na, siehst du das rechtwinklige Dreieck? Es
schreit nach dem Pythagoras!« sagte ich und malte es
grau. »Zwei seiner Seiten kennen wir. Die eine, die
Hypotenuse, ist der Kreisradius, die andere ist die
Hälfte der Außenseite des gleichseitigen Dreiecks.
Ihre Länge ist der halbe Kreisradius. Mit dem Pythagoras können wir jetzt die dritte Seite berechnen. Ich
will ihre Länge a nennen. Damit haben wir schon den
halben Weg zum Zwölfeck zurückgelegt.«

»Und wann kommt endlich der Umfang?« Alex
war ungeduldig.

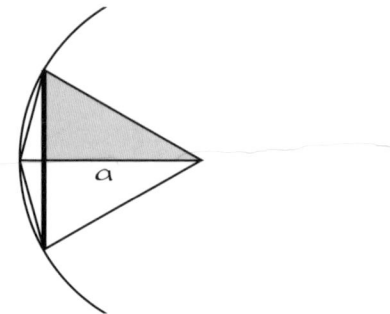

Abb. 8.7 Eines der sechs Teildreiecke des regelmäßigen Sechsecks im Kreis. Die dick gezeichnete Dreiecksseite ist ein Sechstel des Umfanges des Sechsecks. Ihre Länge ist gleich dem Kreisradius. Von dem grauen rechtwinkligen Dreieck sind zwei Seiten bekannt, a, die dritte Dreiecksseite, folgt aus dem Pythagoras.

»Immer langsam«, rief ich. »Ich sehe noch ein zweites rechtwinkliges Dreieck« und malte es in der nächsten Zeichnung grau [vgl. Abb. 8.8].

»Ich kenne zwei seiner Seiten. Die eine ist die halbe Seitenlänge des Sechsecks, die andere ist der Kreisradius minus a. Und a habe ich eben aus dem Pythagoras bekommen. Damit kann ich, wieder mit dem Pythagoras, die Hypotenuse des neuen Dreiecks berechnen.«

»Und was soll das Ganze?« fragte Alex.

»Wie du siehst, ist das eine Seite des neuen Zwölfecks. Wenn du ihre Länge mit 12 multiplizierst, bekommst du dessen Umfang, der noch näher am Kreisumfang liegt als der Umfang des Sechsecks.«

Alex dachte nach.

»Jetzt habe ich es kapiert. Als nächstes halbierst du die zwölf Dreiecke wieder und erhältst mit zweimal Pythagoras die Seitenlänge der neuen Drei-

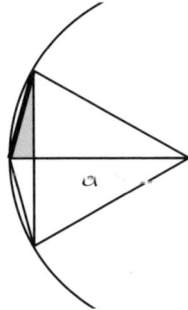

Abb. 8.8 Von dem grauen rechtwinkligen Dreieck sind die beiden Katheten bekannt: Die eine ist gleich dem halben Kreisradius, die andere ist Kreisradius minus a. Der Satz des Pythagoras liefert die Länge der (dicker gezeichneten) Hypotenuse. Sie ist so lang wie die Seite eines in den Kreis eingepaßten Zwölfecks.

ecke.«»Die mußt du dann mit 24 multiplizieren, um den Umfang des 24-Ecks zu bekommen. So machst du weiter zum 48-Eck, zum 96-Eck und so fort. Deine Vielecke werden immer kreisähnlicher, und ihr Umfang wird allmählich der Umfang des Kreises.«

»Richtig!« Ich freute mich, daß er so schnell begriffen hatte. »Ich kann dir verraten, was dabei herauskommt, wenn ich alle diese Rechnungen ausführe: Beim Sechseck war der Umfang drei Kreisdurchmesser. Beim Zwölfeck sind es 3,10583 und beim 24-Eck 3,13263 Kreisdurchmesser.

Ich will dir auch verraten, was du beim 1536-Eck erhältst. Natürlich kannst du das nicht mehr zeichnen, aber mit der Methode, die ich beschrieben habe, kannst du die Seitenlängen dieses Vielecks und damit seinen Umfang berechnen. Es sind 3,14159 Kreisdurchmesser. Die berechneten Umfänge werden mit zunehmender Eckenzahl nicht beliebig groß, sondern nähern sich einem endlichen Wert. Das Verhältnis von Umfang zu Durchmesser eines Kreises ist wahrscheinlich die berühmteste Zahl der Mathematik. Sie wird mit dem griechischen Buchstaben π bezeichnet, der heißt ›Pi‹. Archimedes hat die Rechnungen bis zum 96-Eck ausgeführt. Die Zahl, die er erhielt, war auch nur eine Näherung, da er nicht bis zum Unendlich-Eck gerechnet hat.

Für den Kreis gilt also jetzt:

$$\text{Umfang} = 2 \times \pi \times \text{Radius}$$

Und mit unserem Ergebnis von vorhin [vgl. Seite 120] gilt:

$$\text{Fläche} = \text{Radius} \times \text{halber Kreisumfang}$$
$$= \pi \times (\text{Radius})^2$$

Ein rätselhafter Brief aus Indien

Heute sind Billionen Stellen hinter dem Komma bekannt. Ihre Ziffernfolge wird nie periodisch, bricht also auch mit keiner Zahl ab, der nur noch Nullen folgen. Sie ist eben keine rationale Zahl.

Mit der Methode des Archimedes verbessert sich die Näherung für π mit jeder Verdoppelung der Seitenzahl des Vielecks. Der Unterschied zwischen dem Umfang des Vielecks und dem des Kreises sinkt bei jeder Verdoppelung der Eckenzahl ungefähr auf ein Viertel.

Für die praktische Anwendung braucht man nur die ersten fünf bis sechs Stellen hinter dem Komma.

126

Aber Wissenschaftler sind neugierig und wollen wissen, wie die Ziffernfolge weitergeht. Schon im 17. Jahrhundert kannte man eine konvergente unendliche Reihe, deren Summe π ergibt:

$$\pi = 4 - 4/3 + 4/5 - 4/7 + 4/9 - 4/11 + \ldots$$

Du siehst, wie es weitergeht. Was ist das nächste Glied?«

»Na, $4/13$«, antwortete Alex, »im Nenner steht jedesmal die nächste ungerade Zahl. Ich will gleich mal nachrechnen.«

Nach einer Weile legte er enttäuscht den Taschenrechner weg.

»Ich habe mit 4 begonnen und dann jeweils ein weiteres Glied der Reihe dazugenommen. Keine Spur von $3,14\ldots$! Ich erhielt zuerst 4 und dann der Reihe nach $2,667,\ 3,467,\ 2,895,\ 3,3397$. Wenn das so weitergeht, komme ich nie zu π.«

»Da hast du recht, diese Reihe nähert sich der Zahl π nur sehr langsam. Erst wenn du 500 Glieder dieser Reihe addierst, kriegst du die ersten drei richtigen Dezimalstellen. Es gibt aber bessere Möglichkeiten, viele Dezimalstellen von π zu bekommen. Eine besonders gute Reihe, mit deren Hilfe man π rasch auf viele Stellen berechnen kann, wurde unter merkwürdigen Umständen bekannt.

Um 1910 lebte in der englischen Universitätsstadt Cambridge der angesehene Mathematiker Godfrey Harold Hardy. Eines Tages brachte ihm der Briefträger einen Umschlag aus Indien, aufgegeben am 16. Januar 1913.«

Und ich erzählte Alex die Geschichte von dem indischen Mathematikgenie.

Das Genie, das aus dem Nichts auftauchte

Am 22. Dezember 1887 wurde in Erode, einer ländlichen Stadt in Südindien, ein Junge geboren, Srinivasa Ramanujan. Später, in der höheren Schule, fiel er durch seine mathematische Begabung auf. Er erhielt Ehrenurkunden und Buchpreise und wurde eine kleine Berühmtheit. Im Alter von 16 Jahren war ihm ein Buch in die Hände gefallen, das sein Leben verändern sollte. Es war eine Sammlung von etwa 5000 Gleichungen, Lehrsätzen und Formeln, von denen nur wenige ausführlich bewiesen wurden. Das forderte den jungen Inder heraus, die Beweise selbst zu finden. Von da an ließ ihn die Mathematik nicht mehr los. Nach Abschluß der höheren Schule besuchte Ramanujan ein College. Doch nahezu alle Fächer vernachlässigte er, weil ihn nur die Mathematik interessierte. Ein Biograph schreibt: »Während der Professor anhob, über römische Geschichte vorzutragen, saß Ramanujan da und arbeitete mit mathematischen Formeln.« So kam es, daß er in der Prüfung durchfiel und sein Stipendium verlor. Er versuchte es noch einmal in einem College in Madras, hatte aber auch da in allen Fächern mit Ausnahme der Mathematik schlechte Noten und fiel wieder durch. Während dieser Zeit füllte der junge Mann seine Notizbücher mit Formeln samt ihren

Beweisen – Erkenntnisse, von denen bis dahin kein Mathematiker eine Ahnung hatte. Dann druckte eine mathematische Fachzeitschrift endlich eine seiner Arbeiten. Aber obwohl Mathematiker in Indien seine Begabung erkannten, fand er nirgendwo eine passende Anstellung. Schließlich mußte er eine Stelle in der Hafenverwaltung von Madras annehmen.

Hier fällt die Ähnlichkeit mit dem Schicksal des jungen Albert Einstein auf, der als Angestellter des Patentamtes in Bern arbeitete und in dieser Zeit drei die Physik umstürzende Entdeckungen machte. Während aber Einsteins Arbeiten diesem ganz von selbst den Weg zu einer Karriere öffneten, wußten von Ramanujans Entdeckungen nur wenige Mathematiker in Indien, außerhalb Indiens kannte ihn gar keiner. Freunde und Vorgesetzte versuchten, Hilfe für ihn bei englischen Mathematikern zu finden – ohne Erfolg. Erst als sich Ramanujan selbst an Professor Hardy in Cambridge wandte und dem Brief Proben aus seinen Notizbüchern beifügte, wurde dieser auf ihn aufmerksam.

Bis zum Jahre 1913 hatte Hardy vom Absender des Briefes aus Indien noch nie gehört. Dieser stellte sich mit den Worten vor: »Ich bin Angestellter der Buchhaltung in der Hafenverwaltung von Madras mit einem Jahreseinkommen von 20 Pfund, bin 23 Jahre alt und habe keine Universitätsausbildung.« Dem Brief lagen mehrere Seiten mit mathematischen Formeln bei, Lehrsätzen ohne Beweise. Hardy gelang es mit einigen Schwierigkeiten, mehrere der aufgestellten Behauptungen zu beweisen. Wie war der Unbekannte dazu gekommen, Lehrsätze aufzustellen, die den größten Mathematikern der Zeit nicht bekannt waren und die sich als richtig herausstellten?

»Warum hast du mir von diesem Inder erzählt?«

»Unter den Entdeckungen des Fremden war auch eine unendliche Reihe, deren Summe den Wert $1/\pi$ besitzt. Schon das erste Glied der Reihe

$$1/\pi = 1103 \times \sqrt{8}/9801 + \ldots$$

gibt $\pi = 3{,}14159273001$. Davon sind bereits die ersten sechs Stellen hinter dem Komma richtig. Das folgende Glied, das ich gar nicht aufgeschrieben habe, bringt die nächsten acht richtigen Kommastellen, und so geht es weiter. Ramanujans Reihe liefert die Zahl π rasch auf viele Stellen genau.

Hardy, der das Genie Ramanujan gleich erkannt hatte, vermittelte ihm sofort ein Stipendium für das Trinity College in Cambridge. Ramanujan kam 1914 in England an und arbeitete dort bis 1919. Aus seiner Feder stammen 38 mathematische Abhandlungen, davon sieben in Zusammenarbeit mit Hardy. 1919 kehrte Ramanujan aus gesundheitlichen Gründen nach Indien zurück. Dort starb er im Alter von nur 32 Jahren am 26. April 1920 in Madras.«

Pi in Gießen und im Internet

»Die Mathematiker haben streng bewiesen, daß π keine rationale Zahl ist. Hinter dem Komma eine endlose Folge von Ziffern, anscheinend wirr durcheinandergewürfelt – oder doch nicht? Man hat sich gefragt, ob alle Ziffern gleich häufig vorkommen oder ob bestimmte Ziffern bevorzugt sind. Soweit man bisher zählen konnte, kommen aber alle Ziffern von 0 bis 9 gleich häufig vor. Ich habe hier eine Tabelle mit den ersten tausend Dezimalstellen von π.«

Damit zeigte ich Alex eine Liste, die ich einmal zwischen den Aufzeichnungen aus meiner Studentenzeit gefunden hatte:

$$\pi = 3,1415926535897932384626433832795$$
$$0288419716939937510582097494459$$
$$2307816406286208998628034825342$$
$$1170679821480865132823066470938$$
$$4460955058223172535940812848111$$
$$7450284102701938521105559644622$$
$$9489549303819644288109756659334$$
$$4612847564823378678316527120190$$
$$9145648566923460348610454326648$$
$$2133936072602491412737245870066$$
$$0631558817488152092096282925409$$
$$1715364367892590360011330530548$$
$$8204665213841469519415116094330$$
$$5727036575959195309218611738193$$
$$2611793105118548074462379962749$$
$$5673518857527248912279381830119$$
$$4912983367336244065664308602139$$

131

494639522473719070217986094370277053921717629317675238467481846766940513200056812714526356082778577134275778960917363717872146844090122495343014654958537105079227968925892354201995611212902196086403441815981362977477130996051870721134999999837297804995105973173281609631859502445945534690830264252230825334468503526193118817101000313783875288658753320838142061717766914730359825349042875546873115956286388235378759375195778185778053217122680661300192787661119590921642019…

Alex war beeindruckt. »Da hat sich aber einer Mühe gemacht«, kommentierte er.

»Das ist noch gar nichts«, antwortete ich. »Man kennt heute π auf mehr als eine Billion Stellen genau. In Gießen hat der Mathematikprofessor Albrecht Beutelspacher das *Mathematikum* errichtet, ein Museum für Mathematik. Dort kannst du viel von dem, was dir im Unterricht vielleicht langweilig vorkommt, erleben. Welche Form nimmt eine Seifenblase an, die sich in einer verbogenen Drahtschleife spannt? Im *Mathematikum* stehst du mitten in einer riesigen Seifenblase. Mit welcher Form der Teppichfliesen kannst du eine Ebene lückenlos füllen? Im *Mathematikum* kannst du dazu experimentieren... Dort steht auch ein Computer, der dir sagt, wo in der endlosen Ziffernfolge der Dezimalstellen von π die

Ziffern deines Geburtstags auftreten. Wenn ich mich recht erinnere, bist du am 15. Juli 1992 geboren. Du gibst also die Ziffernfolge 150792 in den Gießener Computer ein. In seinem Speicher ist π auf 390 Millionen Dezimalstellen genau gespeichert, und der Computer sucht, wo die Ziffern 150792 aufeinanderfolgen, und sagt dir, an der wievielten Dezimalstelle von π dein Geburtsdatum beginnt.«

»Kommt denn unter den vielen Millionen Dezimalstellen von π jedes Geburtsdatum vor? Immerhin sind ja nur endlich viele im Computer.«

»Natürlich nicht, aber seit das *Mathematikum* steht, hat noch jeder Besucher seinen Geburtstag in π gefunden.«

»In dieses Museum möchte ich unbedingt mal hin. Können wir beide mal hinfahren?«

»Wenn du Lust hast, ich bin dabei!«

»Versprochen?«

»Versprochen! Deinen Geburtstag in der Zahl π kannst du aber auch im Internet haben.«

Ich hatte bereits meinen Computer eingeschaltet und die Adresse gewählt, die auf Seite 238 angegeben ist. Hier mußten wir Alex' Geburtstag achtstellig eintippen. Das hat den Vorteil, daß ein Computer irgendwo in der Ferne auch den Geburtstag von Leuten über 100 richtig versteht. Ich gab 15071992 ein. Nach einer Weile kam die Antwort: In einer Reihe von 3,2 Milliarden Dezimalstellen beginnt die Ziffernfolge des Geburtstags von Alex an der 110 036 734. Stelle. Alex war jetzt Feuer und Flamme und machte Vorschläge; ich mußte immer wieder im Internet oder im Lexikon nachschauen. Schließlich hatten wir alle Daten beisammen. Hier die Liste:

133

Anlaß	Datum	Stelle in π
Geburt von Johann Wolfgang Goethe	28.08.1749	30 062 258
Geburt von Georg Cantor	03.03.1845	121 127 277
Geburt von Albert Einstein	14.03.1879	74 434 701
Geburt von Angela Merkel	17.07.1954	22 431 820

Aber nun mußte ich Alex wieder auf unser eigentliches Thema zurückbringen, denn π ist nicht für Geburtstage gemacht.

»Wir haben gesehen, wie man die Fläche eines Kreises mit einem regelmäßigen Vieleck annähert, indem man zum Unendlich-Eck übergeht. So kann man auch in unendlich vielen Schritten Flächen annähern, die durch andere Kurven begrenzt werden.«

9. Kurven, die ins Unendliche gehen

»Kreise sind Kurven auf deinem Zeichenpapier.«
Damit begann ich unsere nächste Sitzung.

Wie auf dem Stadtplan

»Papier ist endlich. Es ist nur ein Ausschnitt aus
einer unendlichen Ebene«, fuhr ich fort. »So wie der
Stadtplan von Berlin nur ein Ausschnitt der Karte
von Europa ist. Damit du dich auf dem Stadtplan
zurechtfinden kannst, ist er in Felder eingeteilt,
meist sind es Quadrate. Am Rand stehen dann Zahlen und Buchstaben, damit du zum Beispiel das
Quadrat Q3 finden kannst, wo du hinwillst. Zwei
Angaben, das Q und die 3, bestimmen das Quadrat
in der Karte. Ganz ähnlich kannst du auch jeden
Punkt in der Zeichenebene mit Hilfe von zwei Zahlen festlegen.«

»Und warum soll ich das tun?« Manchmal mußte
ich eine Menge Geduld aufbringen. Aber ich weiß,
daß Alex auch wieder Feuer und Flamme sein kann.

»Markiere mit dem Stift irgendeinen Punkt auf deinem Blatt. Den nennen wir den *Ursprung*. Zeichne
jetzt durch ihn eine gerade Linie, die von oben nach
unten geht. Diese Linie nennen wir die y-*Achse*. Nun
zeichnest du durch den Ursprung noch eine gerade

Linie von links nach rechts, aber so, daß sie senkrecht auf der y-Achse steht. Das wird die x-*Achse*. Jetzt kannst du jedem Punkt auf dem Papier zwei Zahlen zuordnen. Das ist fast wie beim Stadtplan. Das Zahlenpaar (1,5) soll jetzt bedeuten, daß der Punkt 1 Zentimeter rechts von der y-Achse steht und 5 Zentimeter über der x-Achse. Das Zahlenpaar nennen wir die *Koordinaten* des Punktes, die erste Zahl ist die x-Koordinate, die zweite die y-Koordinate. Der Ursprung hat die Koordinaten (0,0). Liegt der Punkt links von der y-Achse oder unterhalb der x-Achse, werden die entsprechenden Koordinaten negativ. Du kannst jetzt mit den beiden Koordinaten die Ebene deines Zeichenblattes nach allen Richtungen bis ins Unendliche erfassen.«

»Und was kann ich sonst damit anfangen?«

»Jetzt kannst du mit Hilfe der Koordinaten ihrer Punkte Kurven in der Ebene beschreiben. Gerade Linien sind besonders leicht. Für alle Punkte der x-Achse ist $y = 0$, für alle Punkte der y-Achse dagegen $x = 0$.«

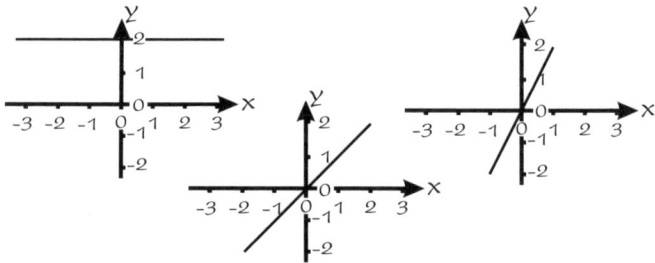

Abb. 9.1 In einem Koordinatensystem bilden die Punkte, die für alle x die Bedingungen $y = 2$, $y = x$ und $y = 2x$ erfüllen, gerade Linien.

136

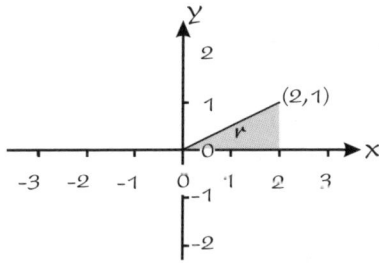

Abb. 9.2 Der Abstand *r* des Punktes $(2, 1)$ wird aus dem grauen rechtwinkligen Dreieck berechnet: Die beiden Katheten haben die Längen 2 und 1. Die Hypotenuse *r* folgt dann aus dem Satz des Pythagoras: $r^2 = 2^2 + 1 = 5$. Also ist *r* gleich der Wurzel aus 5.

Ich zeichnete noch einige andere Geraden.

»Selbstverständlich können wir auch Kreise durch ihre Koordinaten beschreiben. Nehmen wir einen Kreis mit dem Ursprung als Mittelpunkt. Seine Punkte sind vom Ursprung gleich weit entfernt. Wie groß ist die Entfernung eines Punktes mit den Koordinaten (x, y) vom Ursprung?« Ich gab auch gleich die Antwort. »Wie du aus der Zeichnung siehst, folgt der Abstand *r* des Punktes (x, y) aus dem Pythagoras $r^2 = x^2 + y^2$. Wenn unser Kreis einen Radius von 2 Zentimetern haben soll, dann müssen die Koordinaten seiner Punkte der Gleichung

$$x^2 + y^2 = 4$$

genügen. Nicht nur Kreise, auch Parabeln kannst du durch ihre Koordinaten beschreiben.«

Archimedes und die Parabel

»Was ist denn eine Parabel?«

»Eine Kurve, die aus dem Unendlichen kommt, um einen Punkt herumgeht und wieder ins Unendliche geht.«

»Hat unser alter Archimedes auch wieder was damit zu tun?« wollte Alex wissen.

»Er hat nicht nur die Fläche des Kreises berechnet, er hat auch von Parabeln begrenzte Flächen untersucht. Die Punkte, für die $y = x^2$ ist, bilden in einem Koordinatensystem eine Parabel. Sie geht also durch den Ursprung, denn wenn $x = 0$ ist, dann ist auch $y = x^2 = 0$.«

»Das ist ja ganz schön langweilig.«

»Warte nur, gleich wird es interessanter: Für $x = 1$ erhalte ich $y = 1$, für $x = 2$ ist $y = 4$, und so geht es weiter, für $x = 3$ ist $y = 9$. Und wie ist es bei $x = -1$? Dieser Punkt liegt links von der vertikalen Achse.«

»Ich bin doch nicht blöd: Da wird $y = -1 \times -1$, und weil minus mal minus plus ist, gibt das $y = 1$. Das haben wir schon lange in der Schule gehabt.«

»Richtig«, sagte ich, »für negative Werte von x bekommst du dieselben y wie für positive. Unsere Parabel ist symmetrisch zur y-Achse [vgl. Abb. 9.3].

Wir wollen jetzt die Fläche berechnen, die zwischen den Geraden $x = 0$ und $x = 1$ unterhalb der Parabel und oberhalb der x-Achse liegt. Wir werden das in unendlich vielen Schritten machen.

Ich werde den Abstand des Punktes $x = 1$ von der y-Achse in gleiche Strecken unterteilen, erst nur in

138

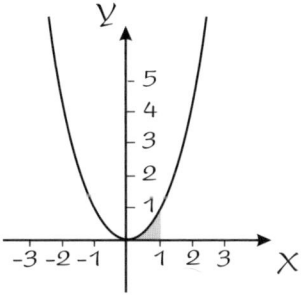

Abb. 9.3   Die Punkte, für deren Koordinaten $y = x^2$ gilt, bilden eine Parabel. Die zu berechnende Fläche unter der Parabel ist grau gezeichnet.

zwei, dann in immer mehr und schließlich in unendlich viele.«

»Da werden wir heute nicht so schnell fertig werden!«

»Langsam, langsam, wir haben bisher schon viel mit dem Unendlichen zu tun gehabt und sind auch immer in endlicher Zeit fertig geworden. Zuerst halbiere ich die Strecke zwischen 0 und 1 auf der x-Achse und zeichne zwei Rechtecke. Jedes soll rechts an die Parabel stoßen.

Die Höhe des ersten Rechtecks ist also 1/4, die des zweiten ist 1. Jedes Rechteck hat die Breite 1/2. Damit haben beide Rechtecke zusammen den Flächen-

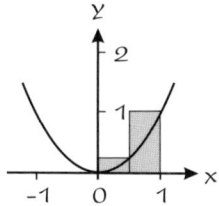

Abb. 9.4   Flächenberechnung mit nur zwei Rechtecken

139

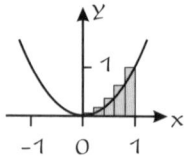

Abb. 9.5 Berechnung der Fläche unter der Parabel mit fünf Rechtecken

inhalt (1/8 + 1/2). In Dezimalzahlen ist das 0,125 + 0,5 = 0,625. Du siehst im Bild, daß der Flächeninhalt der beiden Rechtecke größer ist als die Fläche, die wir berechnen wollen.«

»Ich weiß schon, wie es jetzt weitergehen wird. Du machst immer mehr immer schmälere Rechtecke, und ihre Gesamtfläche kommt immer näher an die Fläche unter der Parabel. Hab's schon kapiert.«

»Ausgezeichnet!« rief ich. Und obwohl er es nicht zeigen wollte, merkte ich, daß Alex stolz war.

»Ich zeichne jetzt zwischen den Punkten $x = 0$ und $x = 1$ über der x-Achse statt der zwei Rechtecke fünf gleich breite. Ihre rechten oberen Ecken sollen wieder auf der Parabel liegen. Da ihre rechten Seiten bei $x = 1/5, 2/5, 3/5, 4/5$ und $5/5 (= 1)$ liegen, sind ihre Höhen $1/25, 4/25, 9/25, 16/25$ und $25/25$ $(= 1)$. Ihre gesamte Fläche ist also:

$$1/5 \times (1/25 + 4/25 + 9/25 + 16/25 + 25/25) = 0,44000$$

Machen wir jetzt zehn Rechtecke:

$$1/10 \times (1/100 + 4/100 + 9/100 + 16/100 + 25/100 + 36/100 + 49/100 + 64/100 + 81/100 + 100/100) = 0,38500$$

140

Ich habe für meinen Computer ein kleines Programm geschrieben, das im Nu die Fläche für noch viel mehr Rechtecke berechnet. Für tausend Rechtecke liefert es als Gesamtfläche 0,3383. Je feiner ich teile, um so mehr nähert sich diese dem Wert 0,3333333 ..., und das ist gleich dem Bruch 1/3.

Die Mathematiker haben übrigens Formeln entwickelt, mit denen man solche Ergebnisse auf Anhieb erhalten kann, ohne die Arbeit für mehr und mehr Rechtecke ausführen zu müssen. Auch diese Methode beruht darauf, daß jemand vorab die Überlegungen mit den unendlich vielen Rechtecksflächen gemacht hat. Das Teilgebiet der Mathematik, das sich damit befaßt, ist die *Integralrechnung*. Mit ihr kannst du Flächen unter den kompliziertesten Kurven berechnen.

Oft braucht man das Unendliche, obwohl es sich nur um endliche Dinge handelt«, sagte ich weiter. »Die Anzahl der Menschen auf unserer Erde ist zwar groß und wird von Tag zu Tag größer, sie bleibt aber immer eine endliche Zahl. Wenn du jedoch abschätzen willst, wie viele Menschen in hundert Jahren auf der Erde leben, brauchst du das Unendliche.«

»Da bin ich aber gespannt.«

Mehr und mehr Menschen

»Weißt du eigentlich, wie viele Menschen zur Zeit auf der Erde leben?« fragte ich Alex.

»Ich glaube, es sind Milliarden.«

»Richtig, etwa sechseinhalb Milliarden. Das sind schon jetzt mehr, als die Erde vertragen kann, denn sie ist ein Körper von nur endlicher Ausdehnung. Bei ihrem endlichen Durchmesser bleibt auf ihrer Oberfläche nur Platz für endlich viele Menschen. Meer und Land liefern nur eine endliche Menge an Nahrungsmitteln. Auch die Menge an Trinkwasser ist begrenzt. Trotzdem vermehren sich die Menschen unvermindert weiter. Wir steuern einer Überbevölkerung entgegen.«

»Aber es sterben ja auch wieder welche«, entgegnete Alex.

»Die Zahl der Geburten ist aber größer als die Zahl der Todesfälle. Im Augenblick vermehrt sich die Anzahl aller Menschen alle zwei Sekunden um fünf.«

»So viele sind das nun auch wieder nicht«, warf Alex ein, »bei so vielen Milliarden Menschen.«

»Wir können das ja mal ausrechnen. Wie viele Menschen wird es in hundert Jahren geben, wenn es in dem Tempo weitergeht?«

»Ist doch einfach«, lachte Alex, »alle zwei Sekunden fünf Neue. Wie viele Sekunden sind hundert Jahre?«

»Das Jahr hat etwas mehr als 31 Millionen Sekunden.«

»Dann haben hundert Jahre etwa 3 Milliarden Sekunden. Alle zwei Sekunden 5 neue Menschen, das heißt: In hundert Jahren sind 7 $\frac{1}{2}$ Milliarden mehr Menschen auf der Erde als heute. Wir sind dann mehr als doppelt so viele, 14 Milliarden.«

»Diese Zahl ist schon beeindruckend, aber sie ist falsch.«

»Wieso denn das?« protestierte Alex, »wo habe ich mich denn verrechnet?«

»Du hast nicht falsch gerechnet, du hast nicht

berücksichtigt, daß viele der in den hundert Jahren neu Geborenen dann längst auch Kinder zur Welt gebracht haben.

Es ist wie mit dem Geld auf deinem Sparbuch. Nehmen wir an, die Bank gibt dir 2% Zinsen. Wenn du 100 Euro auf dem Sparbuch hast, hast du nach einem Jahr 2 Euro mehr. Nach deiner Rechnung hättest du nach hundert Jahren 200 Euro mehr, also insgesamt 300. Aber schon im zweiten Jahr kriegst du nicht 2, sondern 2,04 Euro Zinsen, und das wird von Jahr zu Jahr etwas mehr. Ich habe es nachgerechnet, im hundertsten Jahr bekommst du 14,21 Euro Zinsen. Deshalb hast du auf deinem Konto nach hundert Jahren nicht 300, sondern 724,46 Euro.

Gehen wir von der heutigen Bevölkerung aus: In Zukunft sind mehr Menschen da, deshalb werden dann alle 2 Sekunden mehr als 5 Kinder geboren. Rechnen wir zuerst einmal aus, wie viele Menschen nach fünfzig Jahren dazugekommen sind, wenn es so weitergeht wie heute. Für die nächsten fünfzig Jahre rechnen wir dann mit der inzwischen gewachsenen Bevölkerungszahl weiter.«

In fünfzig Jahren sind etwa 3,8 Milliarden Menschen mehr da als heute, so daß wir etwa 10 Milliarden sein werden.

»In fünfzig Jahren werden also nicht wie heute 6,5, sondern 10,3 Milliarden Menschen Kinder bekommen. Die bringen weitere Kinder zur Welt, so daß nach insgesamt hundert Jahren 16,2 Milliarden Menschen da sind. Dieses Ergebnis habe ich mit zwei Schritten erhalten.«

»Du kommst ja auf mehr Menschen als ich.« Alex schaute mich fragend an.

143

»So ist es. Ich habe nur etwas genauer gerechnet, aber auch ich liege falsch. Weißt du, warum?« Alex dachte nach, und ich gab gleich die Antwort.

»Ich habe lediglich berücksichtigt, daß nach fünfzig Jahren mehr Menschen da sind und zur Vermehrung beitragen. In Wirklichkeit kommen dauernd Menschen neu hinzu. Ich komme der Wahrheit wieder etwas näher, wenn ich den Zuwachs in Abständen von nur zwanzig Jahren berechne.«

Alex sagte nichts. Mit dem Taschenrechner war das Ergebnis gleich da.

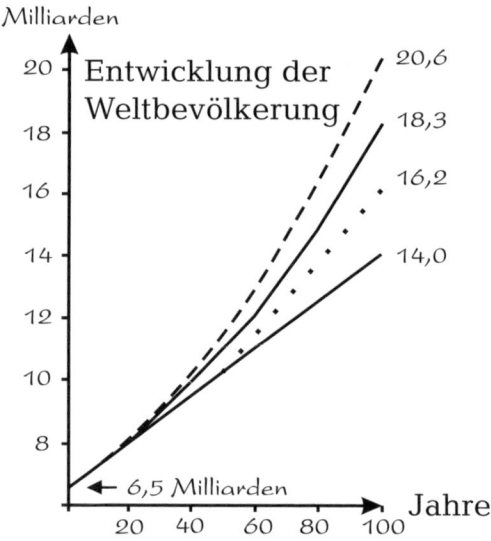

Abb. 9.6 Die Wachstumskurve der Weltbevölkerung für die nächsten hundert Jahre, beginnend mit dem heutigen Stand von 6,5 Milliarden. *Gerade Linie unten:* Die Entwicklung mit der Geburtenrate von heute. *Darüber punktiert:* Berechnet in zwei Schritten. *Darüber durchgezogen:* Berechnet in fünf Schritten. *Darüber gestrichelt:* Die Wachstumskurve für unendlich viele Zwischenschritte.

144

»Bei der Berechnung mit fünf Schritten trägt die Erde in hundert Jahren 18,3 Milliarden Menschen.« Nun hellte sich sein Gesicht auf. »Langsam begreife ich es. Du mußt unendlich viele Schritte nehmen, weil sich die Anzahl der Menschen in jedem Augenblick vergrößert.«

»Ich brauche das nicht in unendlich vielen Schritten durchzurechnen. Mathematiker haben das längst getan und wie bei der Parabel Formeln entwickelt, mit denen man die Ergebnisse in kürzester Zeit erhalten kann. In unserem Fall: In hundert Jahren werden es 20,6 Milliarden Menschen sein. Wir hätten uns ganz schön verrechnet, wenn wir den gegenwärtigen Zuwachs einfach auf hundert Jahre ausgedehnt hätten. Ob 14 oder 20,6 Milliarden Menschen, das macht schon einen Unterschied. Um das richtige Ergebnis zu erhalten, sind eben doch unendlich viele Schritte nötig.«

145

10. Wie wir das Unendliche sehen

»Heute morgen ging mir ein Gedicht nicht aus dem Kopf«, erzählte ich Alex, »ich habe aber nur Anfang und Ende behalten:

> Ein Sauerampfer auf dem Damm
> Stand zwischen Bahngeleisen,
> .....
> .....
> .....
> .....
> Sah Züge schwinden, Züge nahn.
> Der arme Sauerampfer
> Sah Eisenbahn um Eisenbahn,
> Sah niemals einen Dampfer. *«

»Du wolltest mir doch wieder vom Unendlichen erzählen, was hat denn das damit zu tun?« fragte Alex.

»Vor ein paar Tagen haben wir von parallelen Geraden gesprochen [vgl. Seite 102], die sich erst im Unendlichen schneiden.«

»Und der Sauerampfer?«

---

* »Arm Kräutchen« von Joachim Ringelnatz

Die Geometrie des Sauerampfers

»Überleg mal: Er steht am Bahndamm und sieht die geraden Gleise der Strecke. Obwohl sie parallel sind und deshalb immer den gleichen Abstand voneinander haben, scheint es ihm, als würden sie zusammenlaufen und sich am Horizont schneiden. Für den Sauerampfer ist der Horizont das Unendliche.«

»Wollen wir nun über die richtige Geometrie reden oder darüber, was dein komischer Sauerampfer sieht?« fragte Alex. »Die gleich weit nebeneinander her laufenden Schienen schneiden sich ja nicht wirklich.«

»Das kannst du nur nachprüfen, wenn du entlang den Gleisen gehst und den Abstand mißt«, antwor-

Abb. 10.1 Für den Sauerampfer ist dieselbe Lokomotive in der Ferne klein, in der Nähe groß. Größe ist für ihn keine feste Eigenschaft eines Gegenstandes.

148

tete ich. »Der Sauerampfer aber muß angewurzelt immer an derselben Stelle bleiben. Für ihn gehorchen gerade Linien anderen Gesetzen als für uns. Für den Sauerampfer schneiden sich zwei Geraden immer, auch die Parallelen unserer wirklichen Welt. Das ist anders als in der Geometrie, die du aus der Schule kennst. Nach dem griechischen Mathematiker Euklid, der etwa 400 Jahre vor Christus lebte, wird diese *euklidische Geometrie* genannt. In ihr schneiden sich parallele Geraden erst im Unendlichen. Für den Sauerampfer ist der Horizont eine Linie im Unendlichen, aber dieses Unendliche ist für ihn in Sichtweite. Seine Geometrie ist eine andere.«

»Dazu brauchen wir doch keinen Sauerampfer, das sehe ich doch auch so.«

»Natürlich, die Linse in deinem Auge projiziert von dem, was du siehst, ein Bild auf die Netzhaut, und für diese Bilder gelten andere geometrische Gesetze. Da schneiden sich parallele Geraden stets in einem Punkt.

Dasselbe geschieht auch beim Fotografieren, auch da projiziert eine Linse ein Bild auf den Film. Im Auge wie in der Kamera gibt es die Geometrie der wirklichen Welt gar nicht. Die Geometrie, die hier gilt, heißt *projektive Geometrie*. In ihr hat zum Beispiel eine Lokomotive keine bestimmte Größe, denn Größe ist in dieser Geometrie keine Eigenschaft eines Körpers. Er ist groß, wenn er nahe ist, klein, wenn er weit weg ist.

Wilhelm Busch – jeder kennt *Max und Moritz* – hat das vor mehr als hundert Jahren verspottet. Damals steckte die Fotografie noch in den Kinderschuhen. In einigen seiner Bilder stellt er die Ver-

149

Abb. 10.2 Wilhelm Busch verspottete in seiner Bilder-geschichte *Ehre dem Photographen! Denn er kann nichts dafür!* die Fotografie wegen ihrer perspektivischen Vergrößerung, bei der auch kleine Gegenstände groß erscheinen, wenn sie nahe sind.

zerrung verschieden entfernter Gegenstände über-trieben dar.«

Ich holte aus dem Regal meine alte Sammlung von Wilhelm Buschs Bildergeschichten hervor und fand gleich die richtige Stelle.

»Aber wenn ich einen Menschen in der Entfer-nung sehe, weiß ich doch, daß er groß ist, auch wenn er mir klein erscheint«, rief Alex.

»Ja, aber das macht dein Gehirn. Im Bild auf dei-ner Netzhaut ist er kleiner, als wenn er direkt vor dir steht.

Das wird auch deutlich, wenn du längs einer Baumallee blickst. Die Bäume haben in Wahrheit den gleichen Abstand voneinander, du aber siehst die entfernteren kleiner und näher beieinander. Das-selbe siehst du auch an den Türen im unendlichen Hotel [vgl. Abb. 4.1]. Die Türen auf jeder Seite sind alle gleich groß und haben alle denselben Abstand voneinander. Du kannst es nachprüfen, wenn du hingehst und mißt. Aber du siehst sie nicht im glei-

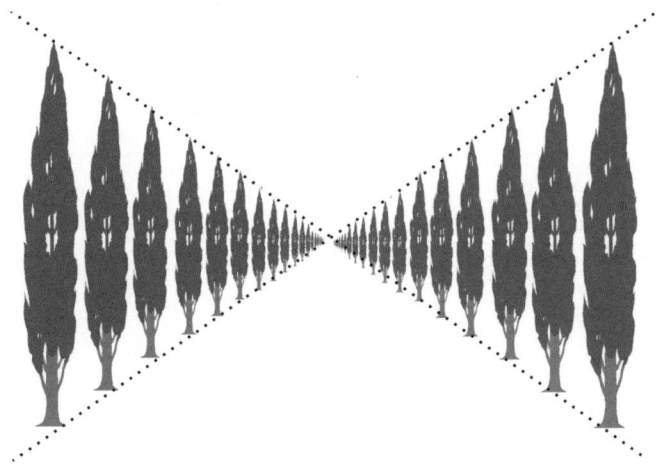

Abb. 10.3 Die Geometrie einer Baumallee: In der Ferne laufen parallele Linien zusammen, die Bäume erscheinen kleiner und scheinen näher beieinander zu stehen

chen Abstand, die entfernteren erscheinen dir kleiner, und sie stehen näher beieinander als die nahen. So wichtig der Abstand zweier Punkte in der euklidischen Geometrie ist, so bedeutungslos ist er in der projektiven Geometrie der Bilder, die von der Linse in deinem Auge auf deine Netzhaut projiziert werden.«

Was uns das Auge vormacht

»Du weißt, daß es einem scheint, als würden Eisenbahnschienen in der Ferne in *einem* Punkt zusammenlaufen. In Wahrheit sind sie parallel. Das liegt daran, daß uns die Linse im Auge ein verzerrtes Bild auf die Netzhaut wirft. Daran haben wir uns

Abb. 10.4 Die Eisenbahnschienen scheinen in der Ferne zusammenzulaufen.

so gewöhnt, daß wir es gar nicht bemerken«, erklärte ich.

»Jeder weiß, daß alle zwölf Kanten eines Würfels gleich lang sind. Ich zeichne jetzt einen Würfel, auf den wir schräg von der Seite schauen, und mache alle Kanten gleich lang.«

Alex sah sich das linke Bild an [vgl. Abb. 10.5].

»Das ist ja kein Würfel, das Ding ist ja nach hinten raus länger.«

»Miß es doch nach«, gab ich zurück, »alle Seiten sind gleich lang. Aber jetzt zeichne ich ihn nochmal.«

Alex sah sich das neue Bild rechts daneben an.

»Ja, das sieht schon eher wie ein Würfel aus.« Er war zufrieden.

»Wenn du nachmißt, wirst du merken, daß vier Kanten kürzer sind als die anderen. Unser Auge sieht sie zwar kürzer, unserem Gehirn fällt das aber

152

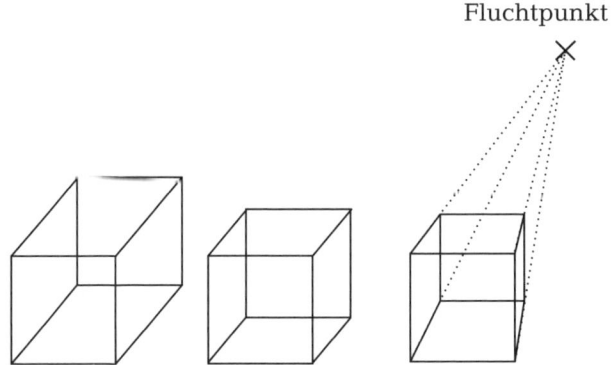

Fluchtpunkt

Abb. 10.5 Verschiedene Abbildungen eines Würfels. Links: Alle Kanten sind, der Wirklichkeit entsprechend, gleich lang gezeichnet, und jeweils vier sind parallel. Man bekommt den Eindruck, es handle sich um eine Art Quader, der nach hinten breiter wird. Mitte: Die vier vom Betrachter weggehenden Kanten sind verkürzt gezeichnet. Das Ergebnis erinnert schon mehr an einen Würfel, doch auch er geht nach hinten auseinander. Rechts: Die vier nach hinten gehenden, verkürzt gezeichneten Kanten sind in Wahrheit parallel, aber nicht im Bild, in dem sie sich in einem Punkt, dem Fluchtpunkt, schneiden. Erst jetzt hat der Betrachter den Eindruck, es wäre ein richtiger Würfel.

gar nicht auf. Beim Betrachten eines wirklichen Würfels rührt die Verkürzung nur von der Projektion des Bildes auf unsere Netzhaut her.«

Alex schaute immer noch kritisch. »Wenn du genau hinschaust, ist es auch jetzt kein richtiger Würfel. Das Ding geht doch nach hinten auseinander, siehst du das nicht?«

»Wundert dich das? Meine Zeichnung eines Würfels ist tatsächlich noch nicht richtig. Die vier Kanten, die von vorne nach hinten gehen, sind beim wirklichen Würfel parallel. In der Geometrie des Auges aber laufen Parallelen nach hinten zusammen. Nur so erscheint uns der Würfel richtig.« Ich machte eine dritte Zeichnung. »Die in Wahrheit parallelen Geraden schneiden sich in der Verlängerung in einem Punkt, dem *Fluchtpunkt*. Noch deutlicher wird das, wenn du mehrere Scharen paralleler Geraden in einer Ebene betrachtest [vgl. Abb. 10.6; die Verlängerungen sind dort gestrichelt]. Jede Schar hat ihren eigenen unendlich fernen Schnittpunkt. Alle diese Schnittpunkte liegen auf einer Geraden. Sie heißt die *unendlich ferne Gerade* der Ebene.«

Ich hatte aber noch ein Beispiel, von dem ich ihm erzählen wollte.

»Fluchtpunkte von Scharen paralleler Geraden gibt es auch am Himmel. Du hast doch bestimmt schon mal eine Sternschnuppe gesehen?«

Abb. 10.6   Die unendlich ferne Gerade der Tischebene geht mitten durch unseren Garten. Auf ihr liegen die Schnittpunkte paralleler Geraden auf der Ebene der Tischplatte.

154

»Na klar, die ist quer über den Himmel geflitzt. Es sah aus wie ein heller Strich, der gleich wieder verschwand.«

»In manchen Nächten kommt ein ganzer Schwarm von ihnen, gleich mehrere in der Minute. Wenn man sich ihre Bahnen merkt oder, noch besser, wenn man sie in eine Sternkarte einzeichnet, dann erkennt man, daß sie alle aus einem Punkt kommen.«

»Und was ist an diesem Punkt?« fragte Alex.

»Nichts, rein gar nichts. Sie kommen nicht wirklich von einem Punkt. Sie sind kleine Körper, Steinchen, vielleicht nur einige Zentimeter groß, die mit großer Geschwindigkeit in die Erdatmosphäre geraten und da verglühen. Sie fliegen auf parallelen Bahnen durch den Raum. Für unser Auge schneiden

Abb. 10.7   Sternschnuppen, deren Bahnen im Raum parallel verlaufen, scheinen am Himmel aus *einem* Punkt zu kommen.

155

Abb. 10.8 Die um 1500 entstandene Intarsientafel in der Kirche des hl. Franz von Assisi zeigt eine Stadtansicht. Parallele Linien schneiden sich im Fluchtpunkt, wie aus dem links unten eingefügten Teilbild zu erkennen ist.

sich ihre parallelen Leuchtspuren am Himmel in *einem* Punkt, dem Fluchtpunkt der Parallelen.

Künstler haben schon vor Jahrhunderten die Regeln erkannt, die für die Bilder gelten, welche auf unsere Netzhaut projiziert werden. Sie entwickelten die Lehre von der *Perspektive*, die auch heute noch jeder Zeichner beherrschen muß. Der Mann aber, der die Geometrie des Auges mathematisch erfaßt hat, saß dabei nicht am bequemen Schreibtisch, sondern schmachtete als Kriegsgefangener in Rußland.«

»War das auch einer von deinen alten Griechen?« fragte Alex.

Jetzt war es wohl an der Zeit, ihm die Geschichte des französischen Mathematikers zu erzählen, der mit Napoleon nach Rußland gezogen war.

Das Unendliche im Gefangenenlager

Am 24. Juni des Jahres 1812 marschierte Napoleon I. an der Spitze einer Armee von 600 000 Soldaten in Rußland ein. Unter ihnen befand sich auch der Ingenieur und Mathematiker Jean-Victor Poncelet, geboren 1788 (er starb erst 1867 mit 79 Jahren). Es versprach ein siegreicher Feldzug zu werden. Im September stellten sich die russischen Verteidiger vor Moskau den Angreifern entgegen. Napoleon siegte in der Schlacht von Borodino und zog eine Woche später in Moskau ein. Daraufhin steckten die Russen die Stadt in Brand. Die Feuersbrunst wütete vier Tage lang, Kirchen und unermeßliche Kunstwerke wurden zerstört, 12 000 Häuser brannten nieder, Tausende von Menschen kamen um. Napoleons Soldaten fanden kaum noch Unterkünfte und Vorräte. Noch hoffte er, der Zar würde kapitulieren. Vergebens. Der Winter kam besonders früh, und so mußte das französische Heer den Rückzug antreten. Nun griffen die russischen Truppen an und bereiteten den erschöpften Franzosen katastrophale Verluste. Poncelet geriet in russische Gefangenschaft. Zwei Jahre verbrachte er in einem Lager an der Wolga. Um nicht zu verzweifeln und völlig abzustumpfen, begann er, über geometrische Probleme nachzudenken, die ihn schon vor dem Krieg beschäftigt hatten. Im Gefangenenlager war das schwer, nur mit Mühe gelang es ihm, grobes Papier und Schreibzeug zu besorgen. Tinte mußte er selbst herstellen. Da er keine Bücher hatte, mußte er zuerst die bisher bekannte Geometrie aus dem Kopf rekonstruieren, erst danach konnte er seine neue Geometrie, die *projektive Geometrie*, zu Papier bringen. Nach seiner Rückkehr in die Heimat stellte er seine neuen Gedanken in Zeitschriften der mathematischen Welt vor.

Geometrie ist nicht gleich Geometrie

»Du redest da von einer neuen Geometrie, die dein Franzose erfunden hat«, warf Alex ein. »Gibt es denn zwei Geometrien? Die, die wir sehen, und die, die wir in der Schule lernen? Welche ist denn dann die richtige?« Und nach einer Weile fügte er hinzu: »Natürlich die von der Schule. Jedes Kind weiß, daß die Eisenbahnschienen am Horizont nicht zusammenlaufen. Da müßte ja jeder Zug steckenbleiben.«

»Bist du dir so sicher, daß die Schulgeometrie die richtige ist? Was ist denn eine gerade Linie? Was meinst du denn, wie gerade Eisenbahnlinien oder gerade Straßen gebaut werden?«

»Ich habe das schon gesehen«, antwortete Alex. »Da hat einer ein kleines Fernrohr auf einem Stativ, und ein anderer hält eine Stange mit einer Einteilung. Der eine schaut durch sein Fernrohr, und weil das Licht geradeaus geht, kann er dem anderen sagen, wohin er mit seiner Stange soll.«

»Richtig, die geraden Linien im Straßenbau werden mit Lichtstrahlen gemacht. Im Prinzip kannst du mehrere Männer mit Stangen hintereinander aufstellen. Der Mann am Fernrohr sagt ihnen, wie sie sich stellen müssen, damit die Stangen im Fernrohr zur Deckung kommen. Dann stehen alle in einer geraden Linie.«

»Da hast du es.« Alex war zufrieden. »Das kann man so immer weitermachen.«

»Schon mal gehört, daß die Erde eine Kugel ist?«

159

gab ich zu bedenken. »Wenn er das so weitermacht, schweben seine Männer bald in der Luft, denn eine gerade Linie geht nicht krumm, sondern geradlinig über den Horizont in den Weltraum hinaus. Für den Straßenbau können sie die Stangen nicht längs einer geraden Linie, sondern nur längs eines Kreisbogens auf der Erde aufstellen.«

»Also gibt es auf der runden Erdoberfläche gar keine geraden Linien?«

»Keine solchen, die du durch Anvisieren mit dem Auge, also mit Licht, konstruieren kannst. Aber gerade Linien haben eine andere Eigenschaft, und die ist viel wichtiger. Wenn du von einem Punkt zu einem anderen gehen willst, ist die gerade Strecke der kürzeste Weg. Auch auf der Kugeloberfläche kannst du zwei Punkte durch eine kürzeste Wegstrecke verbinden.«

»Natürlich, ich bohre einen geraden Gang unter der Erde von einem Punkt zum anderen...«

»Stop! Ich spreche von kürzesten Verbindungen auf der Kugel, also auf einer gebogenen Fläche, und das sind Kreislinien. Sie sind auf der Kugel so etwas wie die geraden Linien in der Ebene.«

»Schöne gerade Linien, deine krummen Kreise!«

»Die Menschen können damit ganz gut leben. Die alten Ägypter haben ihre Felder damit ausgemessen, ohne zu wissen, daß ihre Geraden in Wahrheit Kreise auf der Erdkugel sind, und auch du warst ja bis eben mit diesen ›Geraden‹ zufrieden. Wenn du gerade Linien in der Landschaft ziehst und nicht über den Horizont mußt, sind die Kreise auf der Kugel annähernd gerade Linien, und alles ist wie in der Schule. In Bereichen, die verglichen mit dem Durchmesser der Erde klein sind, ist die Erdoberfläche angenähert eine Ebene, und es gilt die euklidische Geometrie. In größeren Entfernungen aber gilt die Geometrie der Kugel, und die ist eben anders.«

»Wieso denn, wenn doch sonst kaum ein Unterschied ist?«

»Du willst nonstop von Hamburg nach Tokio fliegen. Das ist eine große Entfernung, das merkst du am Ticketpreis. Die Fluggesellschaft will aber mit möglichst wenig Sprit auskommen. Also wählt der Kapitän den kürzesten Weg. Was meinst du, welchen Kurs nimmt er?«

»Na, Japan liegt im Osten, also fliegt er in Richtung Osten. Tokio liegt etwas näher am Äquator als Hamburg. Deshalb muß er noch etwas südlicher fliegen, also vielleicht in Richtung Ostsüdost«, antwortete Alex.

»Probiere es mit einem gespannten Gummiband auf deinem Globus, dessen Enden du bei Hamburg und Tokio festhältst. Der Pilot darf nicht Kurs Ostsüdost, sondern er muß Nordost halten.«

Alex ließ es sich nicht nehmen, das auf dem Globus in meinem Arbeitszimmer auszuprobieren. Ich wollte ihm aber noch mehr über die Geometrie auf der Kugel erzählen.

»Kürzeste Verbindungen auf der Kugel sind Kreise, aber nicht jeder Kreis auf der Kugel ist eine kürzeste Verbindung. Die Parallelkreise zum Beispiel sind es nicht, wohl aber die Meridiane. Die kürzesten Verbindungen gehören nur zu solchen Kreisen auf der Kugel, deren Mittelpunkt auch der Kugelmittelpunkt ist. Sie heißen *Großkreise* und sind gewissermaßen die ›Geraden‹ auf der Erdkugel. Dein von Hamburg

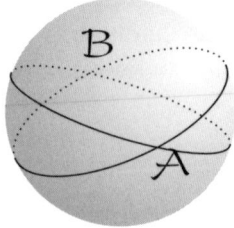 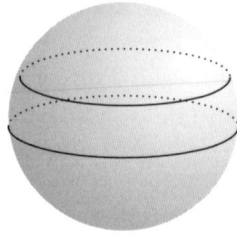

Abb. 10.9   Zwei »Geraden«, die auf der Kugel Kreise sind, schneiden sich in den Punkten $\mathcal{A}$ und $\mathcal{B}$ (links). Parallelkreise auf der Kugel, wie der obere Kreis auf der Kugel im rechten Teilbild, sind keine kürzesten Verbindungen ihrer Punkte und sind also keine »Geraden« auf der Kugel. Deshalb entsprechen sie nicht den parallelen Geraden in der Ebene.

nach Tokio gespanntes Gummiband ist ein Stück eines Großkreises.

Da siehst du übrigens, wie sich die Regeln der Geometrie auf der Kugel von der Schulgeometrie unterscheiden. In der Geometrie der ebenen Fläche schneiden sich parallele Geraden nur im Unendlichen. In der projektiven Geometrie schneiden sich zwei Geraden immer, möglicherweise erst am Horizont. In der Kugelgeometrie aber schneiden sich alle ›Geraden‹ in zwei Punkten. Zu einer ›Geraden‹ gibt es auf der Kugel keine einzige parallele ›Gerade‹. Es ist ganz anders als in der Ebene, wo jede Gerade unendlich viele Parallelen hat.«

Von der Erdkugel auf die Landkarte

»Auf der Kugel herrscht eine andere Geometrie als in der Ebene. Die Kugelfläche ist krumm.«

Alex schaute mich fragend an.

162

»Natürlich weiß jeder, daß die Erde eine Kugel ist. In meinem Schulatlas sind aber nur ebene Seiten. Warum sind die nicht ausgebeult wie die Oberfläche des Globus?«

»Die Karten in deinem Atlas sind keine genauen Abbilder der Wirklichkeit. Es gibt verschiedene Möglichkeiten, Bilder einer Kugeloberfläche in eine Ebene zu bringen. Die einfachste geht so: Stell dir vor, die Erdkugel liege zur Hälfte über, zur Hälfte unter einer durch den Äquator gehenden Ebene. Zieh vom Südpol aus eine Gerade zu einem Punkt der Nordhalbkugel. Sie schneidet die Ebene in einem Punkt. Das ist das Landkartenbild des anvisierten Punktes der Kugel. Auf diese Weise bekommst du, Punkt für Punkt, ein Bild der nördlichen Kugelhälfte auf der ebenen Landkarte. Allerdings gibt deine Karte die Wirklichkeit verzerrt wieder, vor allem die Länder am Äquator.«

»Ja, in meinem Schulatlas ist vorn so ein Bild drin.«

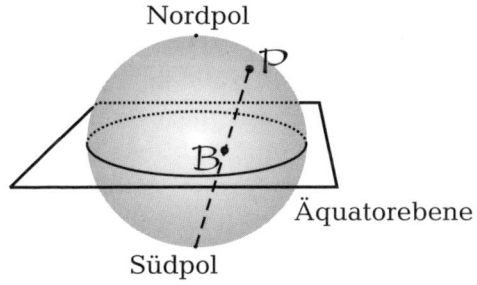

Abb. 10.10 Die stereographische Projektion der Nordhalbkugel mit Hilfe einer durch den Südpol gehenden Geraden. Jeder Punkt P auf der Nordhalbkugel erhält einen Bildpunkt B auf der Landkarte in der Äquatorebene.

Abb. 10.11 Abbildung der Nordhalbkugel der Erde in stereographischer Projektion

»Die Geraden durch den Südpol verbinden Punkte auf der Kugel mit Punkten in der Äquatorebene [vgl. Abb. 10.10]. So wird die Nordhalbkugel der Erde auf eine ebene Landkarte abgebildet. Dabei geht der Äquator in einen Kreis über, in dessen Inneres die ganze Nordhalbkugel zu liegen kommt. Der Nordpol sitzt in der Mitte des Kreises, umgeben von den Bildern der Parallelkreise, die alle ihren Mittelpunkt im Bildpunkt des Nordpols haben. Die Meridiane werden zu Geraden, die sich alle im Bildpunkt des Nordpols schneiden. Die auf diese Weise gewonnene Abbildung heißt *stereographische Projektion*.

Das ist aber nicht die einzige Art, eine ebene Landkarte anzufertigen. Du kannst auch noch versuchen, mit der Geraden durch den Südpol die Südhalbkugel auf diese Ebene abzubilden. Die Bildpunkte liegen dann außerhalb des Äquatorkreises. Je näher ein Punkt am Südpol liegt, um so weiter draußen ist sein Bildpunkt. Der Bildpunkt des Südpols selbst liegt im Unendlichen. Deshalb kannst du diese Art von Abbildung auch nur für Teile der Erdoberfläche benutzen.

Wer eine Landkarte zeichnet, bildet eine Fläche auf eine andere ab. Das ist für uns nichts Ungewöhnliches. Die Linse in unserem Auge bildet die Punkte unserer Umgebung auf die Netzhaut ab. Wir haben schon gesehen, daß die Bilder im Auge nicht dieselbe Geometrie besitzen wie die Wirklichkeit.

Es gibt noch weitere Abbildungen. Ich will dir von einer besonders seltsamen erzählen: Bei ihr liegt das Bild des Erdmittelpunktes im Unendlichen und das Unendliche im Erdmittelpunkt«, ergänzte ich. »Es gibt sogar Menschen, die glauben, das Weltall würde tatsächlich im Inneren der Erde liegen.«

»Was ist denn das für ein Blödsinn!« protestierte Alex. »Wir haben in der Schule gelernt, daß die Erde einen Durchmesser von ungefähr 12 740 Kilometern hat. Da kann ihr Mittelpunkt doch nicht unendlich weit entfernt sein!«

»Das wissen diese Leute natürlich auch«, beruhigte ich ihn. »Aber ihre Überlegungen sind eine nette Spielerei.«

Punkte rutschen auf Punkte

Am nächsten Nachmittag setzten wir uns wieder zusammen.

»Was also willst du mir von dem Unendlichen im Inneren der Erde erzählen?« begann Alex. Trotz seiner ablehnenden Haltung wartete er auf meine Antwort.

»Beginnen wir wieder einmal mit dem Zahlenstrahl.«

Ich zeichnete am linken Endpunkt die Null, dann die natürlichen Zahlen. Punkte dazwischen markierte ich nicht, die Punkte für die zugehörigen Zahlen, die rationalen wie die irrationalen, konnte er sich ja denken.

»Ich will jetzt die Punkte auf dieser Linie verschieben. Sie sind danach anders verteilt. Ich schiebe jeden Punkt auf den, der doppelt so weit entfernt ist. Hat er anfangs den Abstand x vom Nullpunkt, so soll er danach auf den Punkt vom Abstand $2x$ zu liegen kommen. Der Zahlenstrahl wird einfach gestreckt. Der Strahl sieht zwar immer gleich aus, beim Abbilden werden aber die Punkte auf ihm verschoben.«

Ich zeigte das auf dem Papier, und Alex war zufrieden.

»Und was hat das mit dem Erdmittelpunkt zu tun?« Seine Zufriedenheit war schnell verflogen.

»Das war nur eine Vorübung. Um auf die Welt mit dem Unendlichen im Erdmittelpunkt zu kommen, werde ich dir eine andere Art von Verschiebung der Punkte des Zahlenstrahls auf andere Punkte zeigen. Statt wie eben den Punkt x auf den Punkt $2x$ zu verschieben, kommt jetzt x auf $1/x$. Seltsam, nicht

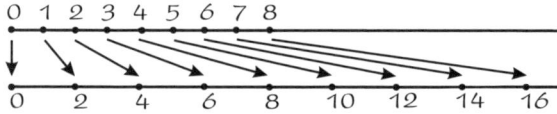

Abb. 10.12 Verschiebung der Punkte des Zahlenstrahls (oben) auf andere. Die Punkte werden auf den doppelten Abstand von der 0 verschoben.

wahr? Der Punkt 2 rutscht diesmal nach links auf $1/2 = 0{,}5$, der Punkt $1/2 = 0{,}5$ rutscht nach rechts auf 2. So geht es auch den anderen Punkten. Alle tauschen sie die Plätze. Der Punkt 1 wird dabei auf sich selbst abgebildet. Punkte, die nahe bei der 0 liegen, werden weit nach rechts gebracht, während die Punkte von dort draußen in die Nähe des linken Endes rutschen. Der Nullpunkt geht ins Unendliche, das Unendliche kommt auf den Nullpunkt.«

»Na schön«, sagte Alex, »aber wir waren eigentlich bei der Erde und ihrem Mittelpunkt.«

»Warte nur, das war jetzt die Abbildung auf dem Zahlenstrahl. Nun machen wir dasselbe in der Ebene, und dann kommt der Weltraum dran.«

»Wie willst du das denn in der Ebene machen?«

»Erstmal zeichne ich einen Kreis vom Radius 1.«

»Was heißt 1? Ein Meter, ein Millimeter oder ein Kilometer?«

»Was immer du willst. Du kannst die Maßeinheit irgendwie wählen, du mußt aber dann in ihr auch alle anderen Entfernungen messen. Entscheiden wir uns mal für Dezimeter.

Um einen Punkt der Ebene abzubilden, liege er nun im Kreis oder außerhalb, verbinden wir ihn

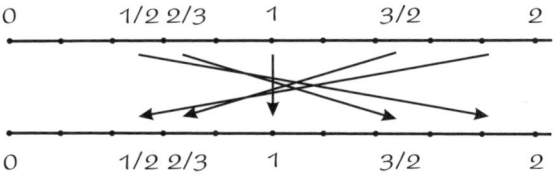

Abb. 10.13 Punkte mit dem Abstand x von der 0, dem linken Ende des Zahlenstrahls, rutschen auf die Punkte mit dem Abstand $1/x$.

167

durch eine Gerade mit dem Mittelpunkt des Kreises. Hat er von ihm den Abstand x, dann soll sein Bildpunkt auf derselben Geraden liegen und jetzt den Abstand $1/x$ vom Kreismittelpunkt haben. Der Punkt im Abstand von 5 wird auf den Punkt $1/5 = 0{,}2$ abgebildet.« Ich machte eine Skizze. Da hellte sich Alex' Gesicht auf.

»Auf der Geraden rutschen die Punkte ja genauso wie vorhin auf dem Zahlenstrahl.«

»Richtig, und wenn wir das für alle Punkte der Ebene machen, bringen wir das Innere des Kreises nach außen und das Äußere nach innen. Das Unendliche wird auf den Kreismittelpunkt und der

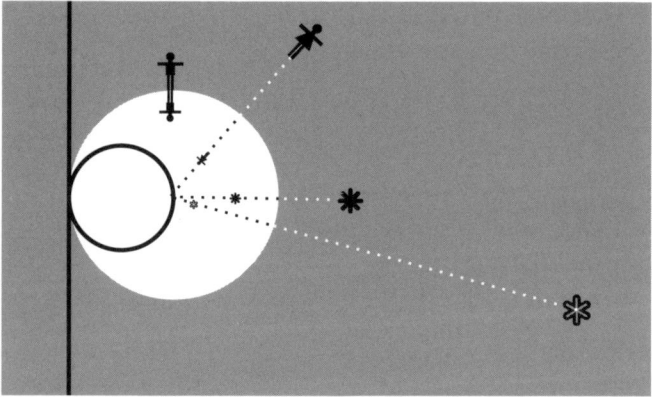

Abb. 10.14 Jedes Objekt des Außenraumes (grau), ob Männchen, Weibchen oder Stern, wird in die (weiße) Kreisfläche gespiegelt. Die schwarze Gerade, die die Kreislinie links von außen berührt, wird zum Kreis, der die Kreislinie von innen berührt und durch den Mittelpunkt der weißen Kreisfläche geht. Die punktierten Linien sind die jeweiligen Verbindungslinien von Außenpunkt und Zentrum der weißen Kreisfläche. Je weiter ein Punkt draußen im Außenraum liegt, um so näher liegt sein Bildpunkt am Zentrum der weißen Kreisfläche.

Kreismittelpunkt wird auf das Unendliche abgebildet.«

»Und was geschieht mit den Punkten am Kreis?« fragte Alex.

»Die bleiben da, wo sie sind. – Es gibt noch einige andere Eigenschaften dieser Abbildung. So werden Kreise durch die Abbildung wieder zu Kreisen. Du mußt aber beachten, daß man dabei die Geraden als Kreise mit unendlichem Radius ansehen muß. Das ist nicht unvernünftig. Je größer ein Kreis, um so mehr ähnelt die Kreislinie einer Geraden. Geraden sind Kreise, die bis ins Unendliche reichen. Deshalb werden die Geraden des Außenraumes in Kreise abgebildet, die durch den Kreismittelpunkt gehen. Das ist ja der Bildpunkt des Unendlichen. Diese Art der Abbildung heißt übrigens *Inversion am Kreis.*«

»Und vom Erdmittelpunkt war immer noch keine Rede«, rief Alex ungeduldig.

»Das kommt gleich. Wir gehen zum Raum über und nehmen statt des Kreises eine Kugel vom Radius 1. Durch jeden Punkt ziehen wir eine Gerade zum Kugelmittelpunkt. Auf ihr bilden wir wieder die Punkte mit dem Abstand x vom Mittelpunkt auf die Punkte vom Abstand $1/x$ ab. Das Unendliche rutscht in die Kugelmitte, die Kugelmitte ins Unendliche, und Punkte der Kugelfläche bleiben, wo sie sind. Das Äußere der Kugel wird in ihr Inneres abgebildet und das Innere in das Äußere.«

»Kommt nun endlich die Erdkugel?«

Die Erde als Hohlkugel

»So wie wir die Fläche außerhalb eines Kreises in sein Inneres abgebildet haben, genauso können wir also auch den Raum außerhalb einer Kugel in ihr Inneres abbilden. Der Außenraum wird Innenraum, der Innenraum wird Außenraum.

Es ist etwa so, wie wenn du auf die spiegelnde Oberfläche einer Christbaumkugel schaust. Du siehst das ganze Zimmer im Inneren der Kugel, zwar etwas verzerrt, aber alles ist da: dein Gesicht, die Nase etwas zu groß, das Bücherregal hinter dir, das Fenster und im Garten der Baum voller Schnee. Und das alles in der kleinen Kugel, die am Christbaum hängt.«

Abb. 10.15 Eine spiegelnde Kugeloberfläche bildet die Kamera, den Fotografen und den Rest des Weltalls in ihr Inneres ab.

»Hab' ich schon gesehen. Einmal schien der Mond ins Zimmer, und auch der war in der Kugel.«

»Natürlich, das ganze Weltall hätte in ihr Platz!* Betrachten wir aber statt der Christbaumkugel die ganze Erde.«

»Na endlich kommen wir zu ihr«, rief Alex, der die ganze Zeit darauf gewartet hatte.

»Nehmen wir einmal an, ihr Radius sei 1.«

»Quatsch, der ist 6370 Kilometer. Da ist ja wohl ein kleiner Unterschied!«

»Wir nehmen jetzt ein neues Längenmaß, nicht Meter, nicht Kilometer, sondern Erdradien. Dann hat die Erdkugel den Radius 1 und den Durchmesser 2.«

Alex tippte auf seinem Taschenrechner herum.

»Na, das ist vielleicht ein Längenmaß. Mit meiner Größe von genau ein Meter fünfzig bin ich dann $1{,}5 : 6370000 = 0{,}000000235$ Erdradien groß!«

»Richtig, und du stehst außen auf der Erdkugel. Nach der Abbildung sind alle Punkte deines Körpers auf ihrer Innenseite. Du stehst auf der Innenseite der hohlen Kugel. Deine Füße berühren sie, denn deine Fußsohlen haben den Abstand 1 vom Erdmittelpunkt und werden durch die Abbildung auf sich selbst abgebildet. Der Mond umkreist die Erde in einem Abstand von 384000 Kilometern, das sind 60 Erdradien. Nach der Spiegelung bewegt er sich recht nahe um den Kugelmittelpunkt, nämlich etwa $1/60$ Erdradien = etwa $0{,}0167$ Erdradien =

---

* Die Abbildung an der spiegelnden Kugel ist aber anders als die Inversion an der Kugel. Das erkennt man daran, daß weit entfernte Objekte, etwa die Sonne, nicht so erscheinen, als wären sie im Kugelmittelpunkt.

171

105,7 Kilometer von ihm entfernt. Die Sonne mit ihrem Abstand von 150 Millionen Kilometern kommt auf einen Punkt zu liegen, der nur 271 Meter vom Erdmittelpunkt entfernt ist. Ihr Durchmesser ist dort 2,5 Meter. Die fernen Fixsterne, deren Licht Tausende von Jahren zu uns unterwegs war, liegen dann ganz nahe am Erdmittelpunkt.«

»Da sieht man schon, was das für Blödsinn ist. Die Sonne ist viel größer als die Erde und soll im Erdinneren Platz haben«, warf Alex empört ein.

»Natürlich behalten die Dinge bei der Spiegelung nicht ihre wahre Größe. Das ist ja auch bei der Christbaumkugel so. Du sagst, du hättest einmal das Spiegelbild des Mondes in der Kugel gesehen. Der ist ja auch größer als sie.« Alex sah das ein.

»Die Punkte mit den Abständen 2, 3, 4, 5 vom Erdmittelpunkt werden auf Punkte im Abstand 1/2, 1/3, 1/4 und 1/5 gespiegelt. Die Abstände dieser Bildpunkte werden um so kleiner, je näher sie dem Kugelmittelpunkt kommen. Du siehst, daß ihre Abstände schrumpfen, je näher sie am Kugelmittelpunkt zu liegen kommen. Das gilt ganz allgemein für Entfernungen zwischen Bildpunkten. Das Bild des Mondes, das dann nur 106 Kilometer vom Mittelpunkt der Hohlerde entfernt liegt, hat einen Durchmesser von nur 948 Meter.«

»Und du hast gesagt, es gäbe Leute, die glauben, wir leben wirklich in der hohlen Erdkugel und nicht auf der Oberfläche einer vollen Erde. Das ist doch Unsinn«, unterbrach mich Alex. »Astronauten haben den Mond besucht und sind auf ihm herumspaziert – wenn der nicht einmal einen Kilometer groß wäre, müßten die das ja gemerkt haben.«

172

»Ganz so einfach kannst du die *Hohlwelttheorie*, wie diese Idee heißt, nicht widerlegen. Stell dir vor, du würdest eines Morgens aufwachen und wärst plötzlich nur halb so groß wie am Abend voher. Was würde dir auffallen?«

»Mein Schlafanzug hinge plötzlich an mir herum wie bei einer Vogelscheuche. Mein Bett wäre mir zu groß. Beim Aufstehen müßte ich runterspringen, meine Beine sind ja jetzt nur halb so lang.«

»Richtig. Im Vergleich zu deiner Körpergröße wären alle Gegenstände doppelt so groß. Aber was wäre, wenn nicht nur du, sondern auch alle Gegenstände um dich herum über Nacht geschrumpft wären?«

Alex dachte nach. »Da würde mir mein Schlafanzug passen, und aus dem Bett käme ich heraus wie immer, es ist ja auch kleiner geworden.«

»Siehst du, genauso würde es den Astronauten in der Hohlwelt gehen. Dort sind sie auf dem Mond nur einen halben Millimeter groß. Die Astronauten und alles, womit sie zum Mond gekommen sind, wäre geschrumpft, nicht nur ihre Körper, auch ihr Raumschiff und jedes Zentimetermaß, das sie mitgebracht haben. Sie selbst wären so klein, daß ihnen der Mond auch jetzt riesig vorkäme. Sie können nicht entscheiden, ob sie in einer Hohlwelt leben oder im Raum außerhalb einer vollen Erde.«

»Hast du mir nicht vor einiger Zeit erzählt, daß man an Schiffen, die auf dem Meer hinter dem Horizont verschwinden, erkennen kann, daß die Erde eine Kugel ist, auf deren Außenseite wir leben? Zuerst verschwindet der Schiffsrumpf, aber die Mastspitzen sind noch längere Zeit zu sehen. Da hast du

173

doch den Beweis, daß wir nicht in einer Hohlkugel leben.«

»Vorsicht!« warnte ich ihn, »du vergißt, daß bei der Abbildung in das Kugelinnere aus Geraden Kreise werden, die durch den Kugelmittelpunkt gehen. Solche krummen Lichtstrahlen lassen bei einem hinter dem Horizont verschwindenden Schiff zuerst dessen Rumpf und erst ganz zuletzt die Mastspitzen verschwinden.« Ich zeigte ihm ein Bild in einem Buch, das ich zur Sicherheit bereitgelegt hatte.

»Gibt es denn gar keinen Beweis, daß die Erde eine Vollkugel ist? Leben wir vielleicht doch im Inneren einer hohlen Erde? Das wäre ja schrecklich!«

»Nein, es gibt keinen Beweis, es kommt sogar noch schlimmer. Du kannst das ganze Weltall in das Innere jeder Kugel spiegeln, auch in unsere Kugel am Christbaum.«

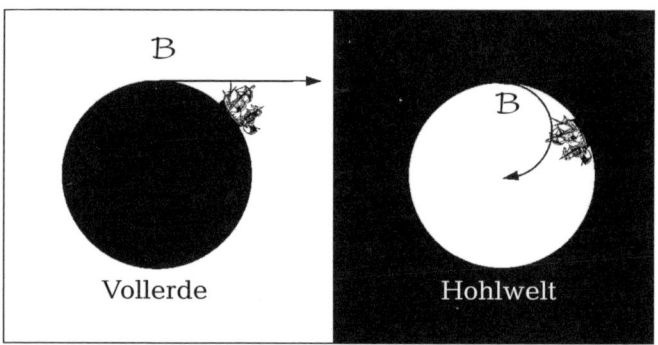

Abb. 10.16 Wenn der Beobachter B ein Schiff am Horizont verschwinden sieht (links), verschwindet wegen der Erdkrümmung für ihn zuerst der Schiffsrumpf, während die Masten noch länger zu erkennen sind. In der Hohlwelt (rechts), in der Lichtstrahlen Kreisbögen sind, beobachtet er die gleiche Erscheinung.

»Wenn mir jemand sagt, wir leben im Inneren einer hohlen Erde, kann ich dann gar nichts dagegen sagen?«

»Sag ihm doch, du wärst überzeugt, wir lebten im Inneren einer Christbaumkugel. Dann laß ihn erst einmal beweisen, daß seine Welt die bessere ist. Ich jedenfalls halte mich an die Vorstellung von der Vollerde.«

11. Im Reich der Dimensionen

»Wir haben von Linien und Flächen im Raum gesprochen. Eigentlich sind sie alle Räume. Mit dem Wort ›Raum‹ verbinden wir im täglichen Leben Dinge, die nur wenig miteinander zu tun haben.« Damit begann ich am nächsten Tag. »Wir sprechen vom Warteraum, vom Schlafraum, vom Luftraum und vom Weltraum. Wir sprechen auch von Raum, wenn wir eigentlich eine Fläche meinen. Kürzlich las ich in der Zeitung, daß das Wattenmeer Lebensraum für Seehunde ist. Teile der Erdoberfläche werden also auch als Raum bezeichnet.«

»Was ist denn dann der richtige ›Raum‹?« wollte Alex wissen.

»Beginnen wir mit der Erdoberfläche. Jeder ihrer Punkte wird durch zwei Zahlen festgelegt, die *geographischen Koordinaten*: durch geographische Länge und geographische Breite. Der Punkt der Erdoberfläche mit der Breite +49,88511 Grad und der östlichen Länge von 10,8899 Grad liegt in Bamberg. Zwei Zahlen genügen, damit wir jeden Punkt auf der Erdoberfläche finden. Deshalb sagen wir, die Oberfläche der Erde hat zwei *Dimensionen*. Nicht nur auf der Kugelfläche der Erde, auf jeder Fläche, auch auf deinem Zeichenblatt, genügen zwei Zahlen, um einen bestimmten Punkt zu bezeichnen, nämlich die Koordinaten x und y [vgl. Seite 136].

177

Der Raum, in dem wir leben, ist dreidimensional. Um den Ort eines Punktes zu beschreiben, benötigen wir drei Zahlen. Denken wir an ein Flugzeug, das im Augenblick über Bamberg fliegt. Um seinen augenblicklichen Ort anzugeben, genügen die beiden geographischen Koordinaten nicht. Wir müssen auch wissen, wie hoch es fliegt, also sind drei Zahlen nötig, drei Koordinaten. Unser Raum ist *dreidimensional*. Flächen, seien sie eben oder verbogen, sind zweidimensionale Räume. Eine Linie aber, gleichgültig ob gerade oder krumm, ist ein *eindimensionaler* Raum. Um in ihm einen bestimmten Punkt zu kennzeichnen, genügt eine einzige Zahl. Das haben wir schon beim Zahlenstrahl gesehen.«

»Aber wichtig ist doch nur der dreidimensionale Raum, weil sich in ihm alles abspielt«, warf Alex ein.

»Ja, schon«, gab ich zur Antwort. »Im täglichen Leben kleben wir allerdings an der Erdoberfläche, wenn wir auch mit dem Flugzeug in die Höhe steigen können – das sind ja nur einige Kilometer. Vom Weltraum aus betrachtet sind wir immer in unserer nahezu zweidimensionalen Welt gefangen. Wir können sie nicht verlassen, abgesehen von einer Handvoll Astronauten. Stellen wir uns aber einmal vor, wie es wäre, wenn wir ganz in einer Fläche leben würden.«

»Das geht doch nicht!« rief Alex. »Wenn wir so in eine Fläche gepreßt wären, ginge unser Körper kaputt, wir wären mausetot.«

»Nun laß mal, es gibt ja auch Märchen und spannende Geschichten, die in einer Welt spielen, die es gar nicht gibt, und trotzdem machen sie Spaß. Denk nur an deinen Harry Potter.«

»Das werden ja furchtbar spannende Geschichten sein, die sich in so einer flachgepreßten Welt abspielen«, sagte Alex spöttisch.

Da hielt ich es für nötig, ihm von der Welt der Flachmenschen zu erzählen:

Flächenland

Edwin A. Abbott, der von 1838 bis 1926 lebte, war Direktor der City of London School und schrieb nebenbei mehrere Bücher. Die über Literatur und Religion sind alle längst vergessen, nur eines hat ihn unsterblich gemacht, ein mathematisches, und das, obwohl Abbott überhaupt kein Mathematiker war (*Flatland,* 1884). In der deutschen Übersetzung trägt es den Titel *Flächenland – Ein mehrdimensionaler Roman, verfaßt von einem alten Quadrat.*

Das alte Quadrat beschreibt die zweidimensionale Welt, in der es lebt. Die Lebewesen dort sind geometrische Figuren: Strecken, Dreiecke, Quadrate, Figuren mit mehreren Ecken und Kreise. Sie alle leben in einer Ebene, so wie zwischen zwei Glasplatten gepreßt. Ihre Welt ist unendlich dünn. Alle Gegenstände, auch die Lebewesen, haben Länge und Breite, während in unserer dreidimensionalen Welt alles Länge, Breite und Höhe hat. Aber was »Höhe« ist, verstehen die Flachleute nicht. Sie kennen nur ihr Flächenland und können sich überhaupt nicht vorstellen, daß es außerhalb ihrer flachen Welt noch etwas anderes gibt.

Die Flachleute können sich in ihrer Ebene bewegen. Sie können zusammenstoßen, was besonders gefährlich ist, wenn einem der spitze Winkel eines Dreiecks in die Seite gerammt wird. Sie können aneinander vorbeigehen und verständigen sich durch Schallwellen, die sich in der Ebene ausbreiten. Aus ihr heraus können sie nicht, doch das macht ihnen nichts aus, sie kennen ja nichts anderes.

Die Flachleute sehen ihren Himmel als eine gerade Linie, und die Gegenstände ihrer Welt, auch die anderen Flachleute, gleichgültig ob Drei- oder Sechseck, ob Kreis oder Quadrat, sehen sie nur als Linienstücke, als kleine, gerade Strecken vor der Linie ihres Horizontes. Um einander zu erkennen, müssen sie sich befühlen und prüfen, wie groß die Winkel sind, die ihre Seiten einschließen.

Eines Nachts träumte das Quadrat von einer ganz anderen Welt …

Abb. 11.1 Ob Fünfeck, Kreis oder Dreieck *(oben)*, je mehr man sie von der Seite ansieht, um so flacher erscheinen sie, bis sie schließlich zu geraden Strecken werden *(unten)*. So sehen die Flachleute ihre Mitbürger.

Linienland

Zuerst sah das Quadrat (im Traum) eine Linie, so etwas wie einen langen Faden, doch als es sich ihm näherte, hörte es ein Zirpen und Summen. Dann sah es, daß sich auf der Linie kleine Linienstückchen tummelten, sich vor und zurück bewegten, ohne aneinanderzustoßen. Dann verstand es die Worte, die das längste Linienstück ihm zurief, und es erfuhr, daß der König sprach und ihm die Welt auf der Linie erklärte.

Die Bewohner von Linienland können sich auf ihrem Faden nur vor und zurück bewegen oder, wie sie sagen, nach Norden oder Süden. Jeder hat nur zwei Nachbarn, von denen er jeden als Punkt sehen kann. Sie verständigen sich durch Schallwellen, die sich längs ihrer Fadenwelt ausbreiten. Daß es noch eine andere Welt gibt, die Flächenwelt, aus der das Quadrat kam, glauben sie nicht. Als das Quadrat

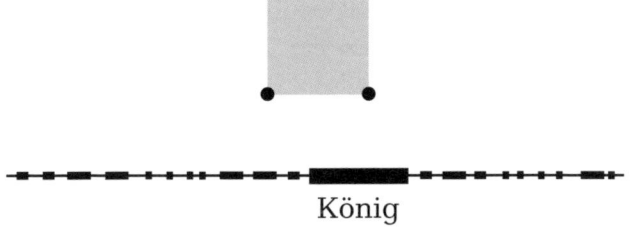

König

Abb. 11.2 Das Quadrat schaut mit seinen zwei Augen von Flächenland auf Linienland. Der König ist das längste Linienstück, kürzere sind die Männer, noch kürzere die Jungen, während die Frauen und Mädchen nur Punkte sind. In Abbotts ein- und zweidimensionalen Welten gibt es eben noch keine Gleichberechtigung.

sagte, es könne die ganze Strecke des Königs sehen, wurde dieser wütend.

»Das würde ja bedeuten, daß du in mein Inneres schaust!« brüllte er. Das Quadrat versuchte ihm zu erklären, daß die Bewohner von Linienland nach Flächenland gelangen könnten, wenn sie sich, statt längs der Linie ihrer Welt, einen Schritt seitlich bewegten. Da wurde der Linienkönig wirklich zornig. Er verstand nicht, was das Wort »seitlich« bedeutet, und er stieß Drohungen aus. Glücklicherweise erwachte das Quadrat in diesem Augenblick.

Noch lange gingen ihm die Lebewesen in Linienland nicht aus dem Kopf, in dem selbst der König nur zwei seiner Untergebenen und beide nur als Punkte sehen konnte, den einen im Norden, den anderen im Süden. Der König wußte aber, daß hinter jedem noch viele, viele andere Leute seines Volkes waren. Er konnte sie hören, und daraus erfuhr er, was in seinem Lande vorging. Wie waren die Bewohner von Flächenland doch denen von Linienland überlegen! Sie hatten nicht nur Länge, sondern Länge und Breite, also nicht nur Nord und Süd, sondern auch Ost und West. Wie schön war es doch, in einer Fläche zu leben!

Raumland

Doch dann ereignete sich etwas Unerwartetes, und keiner wollte dem Quadrat das später glauben. Es saß in seiner Bibliothek, plötzlich schwebte vor ihm ein leuchtender Punkt, der zu einer sich vergrößernden Strecke wurde. Als das Quadrat die seltsame

Erscheinung befühlte, erkannte es, daß sie ein Kreis war. Wie war das Ding hereingekommen? Alle Türen und Fenster des Bibliothekszimmers waren geschlossen. Es wurde noch aufregender, denn der Kreis änderte seine Größe, er wuchs und wuchs. Bald reichte er von Wand zu Wand.

Schließlich begann der fremde Kreis zu sprechen: »Ich komme aus der Raumwelt, diese hat drei Dimensionen. Bei uns gibt es Nord und Süd, Ost und West, aber auch Oben und Unten. In dieser Welt bin ich eine Kugel.« Damit konnte das Quadrat nichts anfangen. Dann erklärte der Fremde weiter, daß er aus unendlich vielen Kreisen besteht, aber das verstand das Quadrat auch nicht.

Als der Fremde dem Quadrat vorschlug, sich doch einmal zu bewegen, nicht nach Norden oder Süden, auch nicht nach Osten oder Westen, sondern einen Schritt nach oben, verstand das Quadrat wieder nicht. Aber es erinnerte sich an seinen Traum von Linienland, als es dem König vorgeschlagen hatte, einen Schritt zur Seite zu machen. Das hatte der

Abb. 11.3 Eine Kugel aus dem dreidimensionalen Raum durchdringt die Flächenwelt. Die Punkte, die Ebene und Kugelfläche gemeinsam haben, bilden einen Kreis. Das Quadrat sieht anfangs von der Kugel gar nichts (links), dann einen Punkt, der zum sich langsam vergrößernden Kreis wird (rechts).

Linienkönig nicht begriffen. Irgendwie erging es dem Quadrat jetzt ähnlich, als es einen Schritt nach oben machen sollte.

Der Kreis packte das Quadrat und entführte es in die Raumwelt. Jetzt sah es seine Flächenwelt von oben und schaute in das Innere seines eigenen Hauses. Seine vier fünfeckigen Söhne saßen in ihren Zimmern. Langsam schien es ihm zu dämmern, was das Raumland war. Bei all den neuen Eindrücken, mit denen es fertig werden mußte, kam es sich vor wie der König von Linienland, auch der hatte Flächenland nicht begriffen.

Nachdem die fremde Kugel das Quadrat wieder nach Flächenland zurückgebracht hatte, versuchte es, seinen Mitbürgern von Raumland zu erzählen. Doch darüber zu sprechen hatten die Machthaber von Flächenland bei Strafe verboten. Zu viel Unruhe könnte von solchen Gedanken ausgehen. Das Quadrat aber verbrachte den Rest seines Lebens im Gefängnis.

Gerade, eben oder verbogen?

»Und warum hast du das alles erzählt?« wollte Alex schließlich wissen, »was hat das mit dem Unendlichen zu tun, von dem wir immerzu reden?«

»Nun, sehen wir uns Linienland an. Wenn es eine gerade Linie ist, dann können seine Bewohner unendlich lange in eine Richtung gehen, in ihrer Sprache etwa nach Norden, sie stoßen an keine Grenze. Aber die Fadenleute haben kein Gefühl dafür zu entscheiden, ob ihre Welt eine gerade Linie ist oder ein verbogener Faden. Gerade oder krumm macht ja nur Sinn, wenn man die Linie ›von außen‹ betrachtet. Und für ›außen‹ ist den Fadenleuten kein Sinn gewachsen.

Was aber, wenn Linienland eine geschlossene Linie ist, etwa ein Kreis? Auch dann können die Fadenleute ewig in eine Richtung wandern, ohne an eine Grenze zu stoßen. Sie kommen nur von Zeit zu Zeit wieder an derselben Stelle vorbei. Ihre Welt ist unbegrenzt, aber sie ist endlich, denn ihre Linie hat eine endliche Länge.«

Das schien Alex einzuleuchten, und so fuhr ich fort: »Gehen wir nun nach Flächenland. Wenn es eine Ebene ist, dann können ihre Bewohner in jede Richtung beliebig lange laufen, ohne an ihren Ausgangspunkt zurückzukommen. Keine Grenze gebietet ihnen Einhalt. Was aber, wenn Flächenland eine Kugelfläche ist? Auf ihrem geraden Weg wandern sie immer um ihre Kugel herum.«

Alex' Augen leuchteten, er hatte es kapiert und war kaum zu bremsen: »Auch sie stoßen an keine Grenze, und ihre Welt ist unbegrenzt, aber nicht unendlich. Die Kugelfläche ist nicht unendlich groß.«

»Gut«, sagte ich, »da kann ich ja gleich weiterfragen: Wie können die Flachleute herausfinden, ob sie in einer Ebene oder in einer Kugelfläche leben? Natürlich gibt es erst einmal eine ganz einfache Antwort: Der Flachmann kann seine Familie zurücklassen und loslaufen, immer geradeaus. Ist seine Welt eine Kugel, kommt er wieder bei den Seinen vorbei. Die Flachleute können aber noch anders zwischen ebener und verbogener Flächenwelt unterscheiden. Sie brauchen dazu große Dreiecke. Ist ihre Welt eine

185

Ebene, dann gilt die ganz normale Geometrie. So ist zum Beispiel die Winkelsumme in jedem Dreieck 180 Grad. Da die Flachleute Winkel messen können – sie erkennen sich daran ja gegenseitig –, können sie jeden Winkel eines Dreiecks messen und die Ergebnisse addieren. Wenn sie für die Summe 180 Grad erhalten, herrscht in ihrer Welt die Schulgeometrie. Anders ist es aber auf der Kugel.«

»Und warum soll es auf der Kugel anders sein?«

»Wenn du kleine Dreiecke zeichnest, gilt die gewöhnliche Geometrie auch auf der Kugel, zumindest angenähert, nicht aber bei großen Dreiecken. Drei-

Abb. 11.4   Die Summe der beiden rechten Winkel am Äquator beträgt 180 Grad. Die Summe aller drei Winkel des Dreiecks auf der Kugel, dessen Seiten durch »Gerade« gebildet werden, ist daher größer.

ecke, deren Seiten kürzeste Verbindungslinien auf der Kugel sind, haben eine größere Winkelsumme.«

»Wie denn das?« fragte Alex.

»Denken wir uns ein Dreieck auf der Erdoberfläche [vgl. Abb. 11.4]. Der eine Punkt liege am Nordpol, der andere am Äquator in Afrika, der dritte liege am Äquator im Pazifik. Die Verbindungslinien vom Pol zu den beiden Äquatorpunkten sind Meridiane. Die schneiden den Äquator in einem Winkel von 90 Grad. Das macht zusammen schon mal 180 Grad. Am Pol oben aber sitzt der dritte Winkel. Also ist die Summe der Winkel größer als 180 Grad. Wenn also Flächenland eine Kugel ist, dann ist die Winkelsumme großer Dreiecke größer als 180 Grad.«

»Und wie ist es dann in unserer dreidimensionalen Welt? Da gilt doch die Schulgeometrie, und die Lichtstrahlen gehen gerade und nicht krumm.«

»Soweit wir das messen können, gilt in unserem Raum die Schulgeometrie. Wenn wir etwa auf der Erde drei Bergspitzen mit dem Fernrohr gegenseitig anvisieren, dann liegen die Verbindungslinien nicht in der krummen Erdoberfläche, sondern gehen geradlinig durch die Luft. Wenn wir dann von jedem Berggipfel aus die beiden anderen anpeilen und die drei Winkel zwischen ihnen messen, ist ihre Summe 180 Grad. Das haben schon viele nachgemessen, alle kamen zu diesem Ergebnis. Also ist unser Raum nicht merklich gekrümmt. Ja mehr noch, wir beobachten den Mond, die Planeten und die Sterne weit draußen. So weit wir blicken können, scheint die Schulgeometrie zu gelten. Das Weltall gibt uns keinen Hinweis darauf, daß unser Raum verbogen, also irgendwie krumm ist.«

187

»Das ist doch klar, ein krummer Raum, den gibt es doch gar nicht! Krumm sein, das heißt ja, er müßte sich um irgend etwas krümmen. Um was denn?«

»Die gleiche Frage könnte ein Flachmann für seine Welt stellen. Du könntest ihm sagen, seine Welt ist im dreidimensionalen Raum gekrümmt. Aber das würde er nicht begreifen, denn dieser ›Raum‹ hat eine höhere Dimension, und das versteht er nicht. Wir beide haben auch kein Gefühl dafür, wie es neben unserem Raum mit seinen drei Dimensionen noch einen anderen Raum geben soll, der noch eine vierte Dimension hat. Trotzdem können wir prüfen, ob unser Raum gerade oder krumm ist, ob also im Großen die Schulgeometrie gilt. Unser Weltraum könnte tatsächlich so beschaffen sein, daß jemand, der mit dem Fernrohr in eine Richtung schaut und in immer größere Entfernungen blickt, seinen eigenen Hinterkopf erkennt.«

Alex lachte. Nach einer Weile schaute er mich nachdenklich an: »Aber wie soll ich mir das denn vorstellen?«

Die vierte Dimension

»Da geht es dir wie den Flachleuten auf der Kugel, die sich nicht vorstellen können, daß sich ihr Raum um irgend etwas krümmt. Nur wir dreidimensionalen Wesen haben keine Probleme damit. Wir haben aber kein Gefühl und keine Vorstellung von einer vierten Dimension. Die Leute von Linienland verstehen nur ›Länge‹, aber nicht, was ›Breite‹ bedeutet. Die Leute von Flächenland kennen ›Länge‹

188

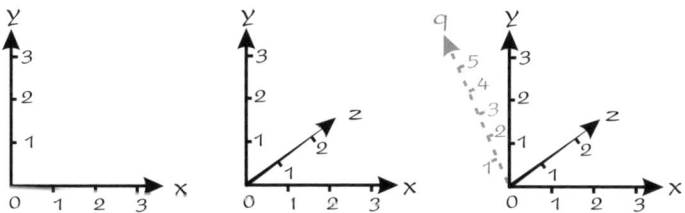

Abb. 11.5 Die Koordinaten x und y im zweidimensionalen Raum *(links)* und x, y und z im dreidimensionalen *(Mitte)*. *Rechts* ist zu den drei Koordinaten des dreidimensionalen Raumes noch eine vierte Koordinate q (grau) eingezeichnet, die gewissermaßen aus dem Dreidimensionalen in eine andere Welt hinausführt. Wir können uns das genausowenig vorstellen, wie sich Flachländer, in der x-y-Ebene im mittleren Bild, vorstellen können, daß die z-Achse in eine andere Welt weist.

und ›Breite‹, aber ›Höhe‹ begreifen sie nicht. Wir dreidimensionalen Lebewesen können uns ›Länge‹, ›Breite‹ und ›Höhe‹ vorstellen. Eine vierte Dimension können wir uns nicht anschaulich vorstellen. Übrigens auch die gescheitesten Mathematiker können das nicht, sie können aber mit der vierten Dimension rechnen.« Alex schaute mich verwundert an.

Koordinaten in höheren Dimensionen

In der Ebene wird jeder Punkt durch die zwei Koordinaten x und y festgelegt. Im dreidimensionalen Raum benötigen wir drei Koordinaten: x, y, z. Da uns bei höheren Dimensionen bald die Buchstaben ausgehen, wollen wir statt x, y und z jetzt x_1, x_2 und x_3 sagen. Wir haben dann im zweidimensionalen Raum die Koordinaten x_1 und x_2, im dreidimensionalen Raum sind es x_1,

189

x_2 und x_3. Schließlich haben wir im vierdimensionalen Raum die Koordinaten x_1, x_2, x_3 und x_4. So geht es weiter, zu fünf-, sechs- oder noch höherdimensionalen Räumen.

In der Ebene ist der Abstand r des Punktes (x_1,x_2) vom Punkt mit den Koordinaten $(0,0)$, also vom Urprung, durch den Pythagoras bestimmt [vgl. Seite 137]: $r^2 = x_1^2 + x_2^2$. Für den Abstand des Punktes (x_1,x_2,x_3) vom Punkt $(0,0,0)$ gilt entsprechend $r^2 = x_1^2 + x_2^2 + x_3^2$ und im vierdimensionalen Raum $r^2 = x_1^2 + x_2^2 + x_3^2 + x_4^2$.

»Was soll denn das: Vorstellen können sie sich die vierte Dimension nicht, aber rechnen können sie damit?«

»Ja, denn auch im vierdimensionalen Raum gibt es geometrische Figuren. So wie es die Linie, zum Beispiel die Gerade, im ein-, im zwei- und im dreidimensionalen Raum gibt, so sind sie auch im vierdimensionalen Raum möglich. Die Ebene gibt es im zwei- und im dreidimensionalen Raum, aber auch im vierdimensionalen. Wir können uns im vierdimensionalen Raum dreidimensionale Räume denken. Die Bewohner der vierdimensionalen Welt würden auf unseren dreidimensionalen Raum blicken wie wir auf Flächenland. Das wäre so, wie das Quadrat in Abbotts Geschichte von Raumland auf Flächenland blickte. Es könnte aus einem in Flächenland geschlossenen zweidimensionalen Schrank Gegenstände herausholen, ohne die Tür zu öffnen, und über die dritte Dimension an eine andere Stelle von

Flächenland setzen. Ebenso könnte ein Bewohner der vierdimensionalen Welt bei uns einen Häftling aus dem Gefängnis herausholen, ohne eine Tür öffnen oder eine Wand demolieren zu müssen.«

»Dann könnte der vierdimensionale Kerl ja auch Munzen aus meinem Sparschwein nehmen, ohne es zu zerschlagen. Aber gibt es denn überhaupt eine vierdimensionale Welt?«

»Wir wissen nur von unserer dreidimensionalen Welt. Wir können uns zwar denken, es gebe Welten von höherer Dimension, haben aber zu keiner dieser Welten Zugang. Deshalb ist es für uns unwichtig, ob es solche höherdimensionale Räume wirklich gibt.

Es gab aber auch schon Wissenschaftler, die sich darüber Gedanken gemacht haben, ob wir vielleicht nicht doch einen direkten Kontakt mit einer vierdimensionalen Welt haben. Das hing damals mit Geistern zusammen.«

Die vierdimensionale Geisterwelt

»Geister, das ist doch Mumpitz, die gibt es doch nicht. Oder glaubst du vielleicht daran?« warf Alex ein.

»Natürlich nicht, aber manche Menschen glauben, man könne sich mit den Geistern Verstorbener in Verbindung setzen. Sie setzen sich in verdunkelte Zimmer im Kreis zusammen. Eine Person, die vorgibt, besondere Fähigkeiten zu haben, ein *Medium,* ruft dann die Seelen aus dem Reich der Toten herbei. Wer möchte nicht gerne mit einem verstorbenen

Freund oder Verwandten noch einmal sprechen? Wer möchte nicht einmal Napoleons Meinung über die politische Situation im heutigen Europa hören, wer nicht Goethe seine Farbenlehre ausreden?«

Gespenstische Fußabdrücke

In der zweiten Hälfte des 19. Jahrhunderts waren spiritistische Sitzungen in Europa sehr beliebt. Damals nahmen sich auch zwei angesehene Wissenschaftler der Sache an. In England war es Sir William Crookes. Als Physiker untersuchte er Kathodenstrahlen, die in älteren Fernsehröhren die Bilder auf die Mattscheibe werfen. Crookes war so berühmt, daß sein Name noch immer in vielen Lehrbüchern zu finden ist. In seinem Hause fanden regelmäßig spiritistische Veranstaltungen statt. Im Jahre 1875 kam Karl Friedrich Zöllner, Professor für Astronomie an der Leipziger Universität, nach London und nahm an einer solchen Sitzung im Hause Crookes teil. Er war begeistert. (Weder Crookes noch Zöllner ahnten, daß das Medium später als Schwindlerin entlarvt werden würde.)

Nach Leipzig zurückgekehrt, veranstaltete auch Zöllner bei sich zu Hause spiritistische Sitzungen. Als Wissenschaftler grübelte er darüber nach, wie sich die Erscheinungen erklären ließen. Da kam ihm der Gedanke, daß die Geister der Verstorbenen vielleicht in einem vierdimensionalen Raum weiterleben und von dort aus so auf uns herabschauen wie wir auf Flächenland. Vom Medium herbeigerufen, können sie in unsere Welt eindringen, so wie die Kugel in Abbotts Flächenland eingedrungen ist. Genau so müßten auch die Geister aus der vierten Dimension in geschlossene Gefäße unserer Welt eindringen können. Deshalb plante Zöllner ein Experiment. Er ließ eine Doppeltafel bauen, das heißt zwei Holztafeln, die wie ein Buch zusammengeklappt werden konnten. Zwischen die Tafeln legte er zwei berußte Papierblätter. Der Geist aus der vierten Dimension sollte dann in der Lage sein, auf den Blättern der geschlossenen Doppeltafel seine Spuren zu hinterlassen.

Die Sitzung findet in einem völlig verdunkelten Raum statt. Zöllner selbst hält die zusammengeklappte Tafel auf dem Schoß. Der Geist wird herbeizitiert und gebeten, auf die beiden berußten Papierblätter zu treten. In der Dunkelheit verspürt Zöllner eine leichte Bewegung an den Tafeln. Als das Licht wieder angeht, zeigen die beiden Papierblätter die Abdrücke nackter Füße.

Das sprach dafür, daß der Geist aus der vierten Dimension eingedrungen war, denn nur von dort konnte er ungehindert auf die eingeschlossenen Papierblätter treten. Außerdem wurde deutlich, daß die Geister dort barfuß gehen... Wie das Experiment auch immer vor sich gegangen sein mag, auch dieses Medium wurde später als Betrüger entlarvt.

193

»Die Geister von Napoleon und Goethe! In Wirklichkeit gibt es doch gar keine Geister in der vierten Dimension! Oder?« unterbrach mich Alex.

»Wir wissen nicht einmal, ob es eine vierte Dimension gibt. Anders ausgedrückt: Wir können ihre Existenz weder beweisen noch widerlegen. Es gibt Hinweise, daß der Weltraum in der Nähe von Sternen durch deren Schwerkraft leicht gekrümmt wird. Das Licht fliegt dort nicht genau geradlinig. Das heißt, daß dort die Schulgeometrie nicht genau gilt. Aber das besagt gar nichts über die Existenz der vierten Dimension. Die Flachleute, die auf einer Kugelfläche leben, können feststellen, daß es die Schul-

Abb. 11.6   David Hilbert (1862–1943)

194

geometrie in ihrem Flächenland nicht gibt, daraus können sie aber nicht schließen, daß es Raumland gibt.«

»Also ist alles Blödsinn, was du von der vierten Dimension erzählt hast?«

»Ganz so ist es nicht. Der vierdimensionale Raum ist ein nützliches Hilfsmittel, um besser rechnen zu können. So werden die Gesetze von Magnetismus und Elektrizität einfacher, wenn man sie in einem vierdimensionalen Raum beschreibt. Moderne Physiker benutzen sogar 11-dimensionale Räume zur Beschreibung von Experimenten, die in unserer dreidimensionalen Welt gemacht werden. Und in der Quantenmechanik, in der man die Vorgänge im Bereich der Atome beschreibt, wird sogar ein unendlich-dimensionaler Raum benutzt. Nach dem großen deutschen Mathematiker David Hilbert, den wir schon von dem nach ihm benannten unendlichen Hotel kennen, heißt so ein Raum *Hilbert-Raum*.«

12. Das unendlich Kleine in der Natur

Wir hatten uns mehrere Tage nicht getroffen, doch eines Morgens, es war Sonntag, kam Alex wieder zu mir.

»Als ich heute aufwachte, habe ich nachgedacht. Du hast mir ja immer wieder vom Zahlenstrahl erzählt und daß die ganzen Zahlen darauf Punkte sind, dazwischen liegen die Brüche und zwischen denen die irrationalen Zahlen. Und alle sind sie ganz dicht nebeneinander. Zwischen zwei Zahlen gibt es immer noch unendlich viele andere. Das habe ich inzwischen begriffen.«

Ich freute mich, daß er alles richtig behalten hatte.

Zahlenstrahl und Kupferdraht

»Ein Lineal«, sagte Alex, »ist so was wie ein Stück vom Zahlenstrahl. Mit dem Lineal kann ich messen, zum Beispiel ein Stück Draht. Ich kann 10 Zentimeter abmessen und dann abschneiden. Ich kann aber auch 10,5 Zentimeter abschneiden. Die Länge in Zentimetern kann irgendeine Zahl sein, auch π, die komische Zahl vom Kreis. Die Zahlen liegen unendlich dicht, und wenn die Länge des Drahtes eine beliebige Zahl sein kann, heißt das doch, daß das Kupfer im Draht auch unendlich dicht ist.«

»Nein«, antwortete ich, »die Dinge in der Natur kannst du nicht so fein unterteilen wie den Zahlenstrahl. Es waren griechische Gelehrte, die vor etwa 2300 Jahren als erste darüber nachgedacht haben. Von dem Mann, der vermutlich zuerst auf die Idee gekommen ist, er hieß Leukipp, ist nur ein einziger Satz erhalten: ›Kein Ding entsteht ohne Ursache, sondern aus bestimmtem Grunde und unter dem Druck der Notwendigkeit.‹«

»Das stimmt«, rief Alex, »meine Schulaufgaben, zum Beispiel, mache ich nur wegen dem Druck der Notwendigkeit. Wenn ich sie nicht mache, kriege ich noch mehr Druck. Dein Leukipp hat recht.«

»Ich habe ihn erwähnt, weil er andere wichtige Dinge gesagt hat, von denen wir nur aus den Schriften seines Schülers wissen – der hieß Demokrit. Leukipp nahm an, daß alle Stoffe, wie Stein und Wasser, Eisen und Öl, aus vielen winzigen Teilchen bestehen, die selbst nicht weiter geteilt werden können. Demokrit, der die Lehre des Leukipp weiterführte, nannte sie *Atome*, nach dem griechischen Wort *atomos*, das ›Unteilbare‹. Die griechischen Denker versuchten mit der Lehre von den Atomen die verschiedenen Eigenschaften der Stoffe in der Natur zu erklären. Wasser wird in der Kälte zu hartem Eis, es verwandelt sich aber am Herd in Wasserdampf, also in einen luftartigen Stoff, der in der Kälte wieder flüssig wird. Da gibt es harte, feste Stoffe, den weißen Marmor, aber auch den nicht so festen gelben Sandstein. Die Luft zum Atmen kann kalt sein oder warm. Wie soll man all das verstehen?

Wer immer als erster darauf kam, er hatte eine grandiose Idee: Alles besteht aus winzigen, unsichtbaren Atomen, die alle aus derselben Substanz sind. Die Eigenschaften der Atome bestimmen, wie die Stoffe beschaffen sind. Die Atome der Flüssigkeiten sind dieser Meinung nach rund und können leicht aneinander vorbeirollen. Die Atome der festen Stoffe haben Haken, mit denen sie aneinander hängenbleiben können, deshalb lassen sich die festen Körper nur schwer verformen. Was bitter schmeckt, besteht aus eckigen Atomen, Süßigkeiten bestehen aus runden.

Der norwegische Schriftsteller Jostein Gaarder vergleicht in seinem Buch von 1991 *Sofies Welt* die Atome der Griechen mit Legosteinen. Es gibt nur wenige verschieden geformte Legosteine, alle aus derselben Plastikmasse, mit ihnen kannst du ein Haus bauen oder ein Feuerwehrauto, einen Traktor oder eine Kuh. Ähnlich formen bei Demokrit auch die Atome die verschiedensten Dinge unserer Welt.

Aber nicht alle Gelehrten waren damals mit diesem Gedanken einverstanden. Erst im 19. Jahrhundert entdeckten Chemiker Gesetzmäßigkeiten im Verhalten der Stoffe, die sich nur mit der Existenz kleiner, selbst in den besten Mikroskopen unsichtbarer Atome erklären lassen. Heute wissen wir: Alle Materie, ob dein Kupferdraht, ein Stein oder die Luft, ob der größte Stern oder das kleinste Virus, alle sind sie aus Atomen zusammengesetzt. Die Atome der Physiker sind so klein, daß ihre Größe, in Millimetern angegeben, durch eine Zahl ausgedrückt wird, bei der hinter dem Komma erst einmal sieben Nullen kommen, wie bei 0,00000005 mm. Genauer kannst du den Draht nicht abschneiden.«

»Die Atome sind also nicht beliebig klein und liegen nicht so dicht beieinander wie die Zahlen auf dem Zahlenstrahl?«

»Natürlich nicht.«

»Also kann ich keinen Draht so abschneiden, daß er genau π Zentimeter lang ist. Wozu hast du mir dann von den Brüchen und den endlos langen Irrationalzahlen erzählt, wenn sie in der Natur gar keine Bedeutung haben?« fragte Alex.

»Langsam, langsam – ich will es dir gern erklären, aber dazu müssen wir uns mit der Welt im unendlich Kleinen befassen.«

»Im unendlich Kleinen? Da ist doch nichts. Wenn alle Welt aus solchen Körnern besteht, solchen Atomen, dann gibt es doch nichts, was kleiner ist als ein Atom.«

»O doch, nur die alten Griechen dachten, das Atom wäre unteilbar. Wir wissen längst, daß Atome aus noch kleineren Teilchen zusammengesetzt sind.«

»Hat man die schon im Mikroskop gesehen?«

»Nein, sehen kann man sie nicht, aber wir wissen, daß es sie gibt.«

Warum wir das Kleine nicht sehen können

»Niemand hat sie mit eigenen Augen gesehen, und trotzdem soll ich glauben, daß es sie gibt?« Alex schaute mich mißtrauisch an. Mir war klar, daß ich jetzt etwas weiter ausholen mußte.

»Was du als Licht siehst, sind elektrische und

magnetische Wellen, die durch den Raum eilen, ähnlich den Wellen auf einer Wasseroberfläche, die sich ausbreiten.«

»Davon merke ich aber nichts. Wenn ich dich anschaue, müßten ja Wellen von deinem Gesicht zu mir kommen, und da sieht nichts aus wie eine Wasseroberfläche.«

»Doch, du merkst die Lichtwellen auf der Netzhaut in deinem Auge. Dort rufen sie chemische Reaktionen hervor, von denen Signale in dein Gehirn geschickt werden. Das erzeugt für dich die Vorstellung eines Bildes.«

»Na, das ist ganz schön kompliziert.«

»Aber nicht alle Lichtwellen bemerkst du. Nur wenn die Wellenberge im Abstand von einigen Zehntausendstel Millimetern aufeinanderfolgen, rufen sie in deinem Auge eine Lichtempfindung hervor.«

»So kurz aufeinanderfolgende Wellenberge kann mein Auge auseinanderhalten?« fragte Alex.

»Es kann noch mehr, es kann die Abstände auf Zehntausendstel Millimeter genau erkennen. Kommen die einzelnen Wellenberge in dem Abstand von 7 Zehntausendstel Millimetern, so siehst du rotes Licht, kommen sie aber im Abstand von 4 bis 5 Zehntausendstel Millimetern, erscheint es dir blau. Die Farbe des Lichtes wird durch den Abstand von Wellenberg zu Wellenberg bestimmt. Man nennt ihn die *Wellenlänge*. Wenn diese aber die des roten Lichtes überschreitet, siehst du nichts mehr. Dafür spürst du jedoch Wärme auf der Haut. Wenn die Wellenlänge kürzer ist als die des blau-violetten Lichtes, dann siehst du auch wieder nichts. Es ist *ultraviolettes*

201

Licht, das dein Auge auch nicht wahrnimmt. Du kannst dir aber davon einen gehörigen Sonnenbrand holen.

Lichtstrahlen sind übrigens nicht so gleichförmig, wie sie dir erscheinen. Das Licht besteht aus einzelnen Lichtportionen, der Physiker nennt sie *Lichtquanten*. Sie fliegen wie Schrotkörner längs des Lichtstrahls, wobei jedes ›Schrotkorn‹ aber nicht etwa ein fester Körper ist. Es ist gleichzeitig auch eine elektromagnetische Welle.«

»Das verstehe ich nicht«, warf Alex ein. »Entweder ist etwas wie ein Schrotkorn oder wie eine Welle. Aber es kann doch nicht beides zugleich sein.«

Ich sah ihm an, wie unzufrieden er war. Also war nun doch der Schulmeister in mir wieder gefordert.

»Das rührt daher, daß dein Vorstellungsvermögen beim Umgang mit den Dingen des täglichen Lebens entstanden ist. Die Quanten des Lichtes sind aber keine Dinge des täglichen Lebens, sie sind anders, als du sie dir vorstellst. Ich kann dir verraten, auch ich kann sie mir nicht anschaulich vorstellen, und selbst die berühmtesten Physiker können es nicht. Aber das beunruhigt sie nicht besonders.

Je kurzwelliger das Licht, um so energiereicher sind seine Quanten. Die des ultravioletten Lichtes besitzen mehr Energie als die der Wärmestrahlung. Deshalb können sie deine Haut verbrennen. Röntgenstrahlen sind noch energiereicher, deswegen durchdringen sie sogar unseren Körper. Auch Radiowellen sind eine Art Licht mit Wellenlängen von Zentimetern bis zu Kilometern. Sie sind energiearm, und natürlich ist unser Auge auch für sie blind.

Wenn du mir ins Gesicht blickst, empfängt dein Auge das Licht, das von meiner Hautoberfläche zurückgeworfen wird. Langwelliges Licht läßt weniger Einzelheiten erkennen als kurzwelliges. Du kannst nur Dinge sehen, die größer sind als die Wellenlänge des Lichtes. Alles, was kleiner ist, kannst du auch in meinem Mikroskop nicht sehen. Je kleiner die Objekte sind, die du sehen willst, um so kleiner muß die Wellenlänge sein, die du verwendest, das heißt, um so größer muß die Energie der Quanten sein, mit denen du diese Objekte untersuchst. Das ist ein Naturgesetz. Man kann also sagen: Wer das unendlich Kleine sehen will, braucht unendlich viel Energie.«

»Und weil wir kein Licht mit Quanten unendlicher Energie machen können, erfahren wir auch nichts über das unendlich Kleine?« fragte Alex. »Sind wir dann aufgeschmissen?«

»Nicht ganz«, antwortete ich, »es gibt noch andere Möglichkeiten, Bilder aus der Welt des ganz Kleinen zu beschaffen.«

Schattenbilder

»Was sollen denn das für Bilder sein, die nicht mit Licht gemacht werden?«

»Ich kann mich noch erinnern, wie ihr im Kunstunterricht in der Schule ein getrocknetes Ahornblatt auf Zeichenpapier gelegt und Farbtröpfchen darüber gesprüht habt. Nahm man das Blatt weg, blieb ein Umriß zurück. So ähnlich kann man auch mit Hilfe von Materieteilchen Bilder erzeugen.«

»Also es geht auch ohne deine komplizierten Licht-wellen. Da kann ich ja Bilder von Atomen machen: Ich nehme irgendwelche kleinen Teilchen und schie-ße sie auf ein Atom, dann habe ich wenigstens ein Schattenbild«, sagte Alex.

»Das geht schon, du mußt dir nur hinreichend feine Körner besorgen, mit denen du das Atom be-schießt, und du mußt wissen, wie du das Schatten-bild sichtbar machst. Das letztere ist kein Problem: Bilder auf dem Fernsehschirm entstehen zum Bei-spiel durch auftreffende Teilchen. So funktioniert auch das *Elektronenmikroskop*, bei dem winzige ge-ladene Teilchen, *Elektronen*, von kleinen Objekten Schattenbilder erzeugen, ähnlich denen der mit Farb-tropfen besprühten Ahornblätter.

Das Problem liegt bei den Schrotkörnern, und es hat mit der wichtigsten Entdeckung des letzten Jahr-hunderts zu tun: Nicht nur die Lichtquanten sind Wellen, auch alle Materieteilchen, auch die Elektro-nen haben Welleneigenschaften.«

»Na was denn«, unterbrach mich Alex, »ein Schrot-korn ist doch ein festes Teilchen und hat nichts mit einer Welle zu tun. Die Farbtröpfchen in der Schule waren ja doch auch keine Wellen.«

»Die Tröpfchen sind im Vergleich zu Atomen rie-sige Klumpen, bei denen du nichts von ihren Wel-leneigenschaften merkst.«

»Sind die Elektronen bei diesen Elektronenmikro-skopen noch kleinere Kügelchen?«

»Wenn du von Kügelchen sprichst, stellst du dir schon wieder vor, daß sie Körper sind, mit einer Oberfläche, so wie Murmeln, nur viel kleiner.«

»Ist das so falsch?« wollte Alex wissen.

»Ja, weil das deine Erfahrung aus dem täglichen Leben wiedergibt. Feste Stoffe und auch Flüssigkeiten wie Wassertropfen erfüllen ein bestimmtes Raumgebiet, das eine Oberfläche hat. Im Bereich der kleinsten Teilchen weißt du aber nicht mehr, was ›Oberfläche‹ bedeutet. Womit willst du denn entscheiden, was innerhalb des Teilchens ist und was außerhalb? Du hast ja nur ganz grobe Werkzeuge zur Verfügung.«

»Also wissen wir gar nicht, wie es im Kleinen aussieht. Wir sehen nichts, weil das Licht dazu nicht taugt. Und wenn wir mit Teilchen schießen, um Schattenbilder zu bekommen, erfahren wir auch nicht viel mehr«, sagte Alex enttäuscht. »Können wir nie erfahren, wie es dort aussieht?«

»Wenn du danach fragst, denkst du schon wieder an das Sehen, also an Licht, wie wir es aus dem täglichen Leben kennen. Nein, nichts sieht dort wie irgend etwas aus, weil es dort nichts zu sehen gibt. Aber ganz verloren sind wir nicht. Wir erhalten aus der Welt des unsichtbar Kleinen Botschaften, aus denen wir uns Bilder machen müssen über das, was in jener Unterwelt vor sich geht.«

Botschaften aus dem Unsichtbaren

»Es gibt Meßinstrumente, die das Licht wahrnehmen können, das von einem einzelnen Atom ausgesandt wurde. Mehr noch, sie können sogar die Richtung bestimmen, aus der es kommt. Je kurzwelliger das Licht, um so genauer geht das, und um so genauer kennen wir den Ort des Atoms, von dem es ausging.«

Alex unterbrach mich: »Dort, von wo das Licht herkommt, ist das Atom. Das ist ja genauso wie bei meiner Murmel, da . . .«

»Stopp! Das wollen wir uns erst mal genauer überlegen.«

Warum wir nur unscharf sehen

Ein Atom schieße ein Lichtquant in eine bestimmte Richtung. Bei einem Gewehr versetzt die abgeschossene Kugel dem Lauf einen Rückstoß. Auch das Lichtquant stößt das aussendende Atom zurück. Wie immer sich das Atom vorher bewegte, in dem Augenblick, in dem man sein Licht wahrnimmt, bewegt es sich anders als vor dem Aussenden. Je genauer man also den Ort des Atoms bestimmen will, um so energiereicheres Licht muß man beobachten. Dann aber ist der Rückstoß größer. Wenn man den Ort eines Teilchens wissen will, so muß man in Kauf nehmen, daß einen die Natur über dessen augenblickliche Geschwindigkeit im Ungewissen läßt. Dies ist die *Unschärferelation*, eines der Gesetze der *Quantenmechanik*, die das Verhalten der Atome und ihrer Bestandteile bestimmt. Sie hat der deutsche Physiker Werner Heisenberg (1901–1976) entdeckt.

»Wir bekommen zwar keine Bilder mehr aus der Welt der ganz kleinen Dinge«, sagte ich, »trotzdem wissen die Physiker eine Menge über die Welt im Kleinen. Hatten die Griechen noch gedacht, daß die Atome nicht weiter geteilt werden könnten, so wissen wir inzwischen, daß sie selbst wieder aus anderen Teilchen bestehen, aus *Protonen*, *Neutronen* und *Elektronen*.«

»Erst hatten wir Millionen, Billionen und Trillionen, nach den -ionen kommen jetzt die -onen. Das soll einer behalten!« brummte Alex.

»Um sie genauer zu untersuchen, schießen die Physiker in gewaltigen Maschinen, den *Teilchenbeschleunigern*, winzig kleine Atombausteine mit großen Geschwindigkeiten aufeinander. Dabei entstehen neue unsichtbare Teilchen, die sich aber in den Meßgeräten verraten. So haben wir erfahren, was in jener unsichtbaren Geisterwelt vorgeht. Doch auch die einzelnen Bestandteile der Atome bestehen aus nochmal kleineren Bausteinen, den *Quarks*. Alle diese Teilchen – und es gibt noch viele andere Sorten davon – darfst du dir nicht als kleine Kügelchen vorstellen, es sind eher wolkige Gebilde, die sich manchmal wie Wellen verhalten – aber nicht immer.«

Ein Ausflug in die Welt der Töne

Natürlich war Alex mal wieder nicht zufrieden.

»Wenn alles in der Welt nur aus wolkigen Teilchen besteht, bei denen man nicht genau weiß, wie groß sie sind, weil sie keine richtigen Oberflächen haben, dann taugen doch die unendlich dichten Zahlen auf dem Zahlenstrahl gar nicht zum Messen. Dann sind sie doch wertlos. Warum müssen wir das dann überhaupt pauken?« wollte Alex wissen und schaute verärgert.

»Da kommen wir auf eine ganz merkwürdige Sache. So unscharf die Natur auch im Kleinen zu sein scheint, so braucht man trotzdem, um sie zu beschreiben, den mit unendlich dicht beieinander stehenden Punkten besetzten Zahlenstrahl.«

»Ich kapiere mal wieder nichts!« Alex war ungeduldig.

»Das mathematische Werkzeug, mit dem die Physiker versuchen, die Welt im Kleinen zu beschreiben, benutzt alle Zahlen, die natürlichen, die rationalen, aber auch die irrationalen. Mit ihnen gelingt es, die unscharfe Welt der Atome und ihrer Bestandteile zu beschreiben.«

»Und das soll einer verstehen?«

»Wir sind jetzt an einer Stelle angelangt, wo ich Schwierigkeiten habe, dir das im einzelnen zu erklären. Die Physiker machen Gebrauch von mathematischen Hilfsmitteln, die keiner verstehen kann, der sich nicht jahrelang mit ihnen beschäftigt hat. Ich selbst kenne auch nur die einfacheren Begriffe dieses Teilgebiets der mathematischen Physik, die man *Quantenmechanik* nennt. Ich hoffe aber, ich kann dir das mit einem Beispiel etwas verständlicher machen.«

Alex schaute mich mißtrauisch an, aber es schien, als wolle er mir weiter zuhören. Also begann ich:

»Du weißt, wie der Ton einer Saite, etwa auf der Geige oder im Klavier, entsteht. Die Saite wird in Schwingung versetzt und stößt die sie umgebende

Luft an, sie erzeugt in ihr Verdichtungen, die sich im Raum ausbreiten und in deinem Ohr empfangen werden, das dir über das Gehirn die Empfindung eines Tones gibt. Die Tonhöhe hängt davon ab, in welchem Zeitabstand die Verdichtungen an dein Ohr kommen. Bei den Tönen, die wir hören, liegt er im Bereich von Zwanzigstel bis Zwanzigtausendstel Sekunden. In welcher Tonhöhe eine Saite schwingt, hängt von ihrer Länge und von ihrer Spannung ab. Der Geiger verkürzt mit seinen Fingern den schwingenden Teil der Saite und erzeugt damit einen höheren Ton.«

Musik und Mathematik

Schon vor Jahrhunderten haben Mathematiker die Bewegung von schwingenden Saiten studiert. Sie können die Tonhöhe jeder Saite bestimmen. Sie wissen, daß eine Saite gleichzeitig in mehreren Schwingungsformen schwingen kann: in der Grundschwingung und in vielen Oberschwingungen, von denen jede einen Ton in einer anderen Tonhöhe erzeugt.

Wenn der Hammer im Klavier eine Saite zum Schwingen bringt, wird eine bestimmte Mischung von Grund- und Oberschwingungen erzeugt. Das gibt dem Ton eine besondere Färbung. Der Geigenbogen, der eine Saite in Schwingung versetzt, erzeugt eine andere Mischung von Grund- und Oberschwingungen. Die Folge ist ein anderer Klang. Die mathemati-

209

sche Theorie benutzt die Methoden der *Infinite-
simalrechnung*, in der die unendlich dichten
Punkte des Zahlenstrahls eine entscheidende
Rolle spielen.

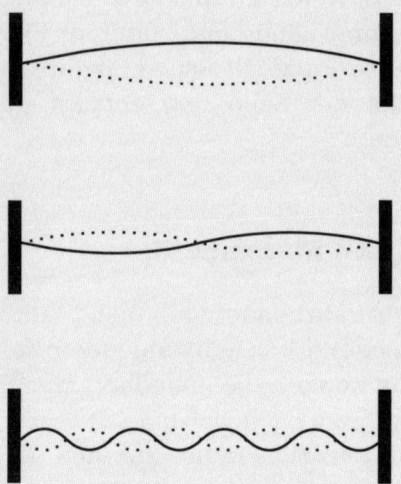

Abb. 12.1 Eine schwingende Saite ist an beiden
Enden eingespannt. In der Grundschwingung *(oben)* ist
die Auslenkung in der Saitenmitte am größten. Durch-
gezogene und punktierte Linie geben die Auslenkung der
Saite aus der Ruhelage zu verschiedenen Zeitpunkten
an. In der ersten Oberschwingung *(darunter)* bleibt die
Saite in der Mitte in Ruhe. Dort ist der *Knotenpunkt* der
Schwingung. Höhere Oberschwingungen *(unten)* besitzen
mehr Knoten und erzeugen höhere Töne. Zur Berechnung
der Tonhöhe einer Schwingung werden Rechenmethoden
der Infinitesimalrechnung benötigt, also Rechenmethoden, die mit dem Begriff des unendlich Kleinen arbeiten.

Von der ganzen Mathematik der Schwingungen in den Musikinstrumenten nehmen die Musikliebhaber, die im Konzert sitzen, aber nichts wahr, nur Töne. Auch diese haben Regeln, die uns sagen, welche Überlagerung oder welche Aufeinanderfolge von Tönen die Hörer als angenehm, vielleicht auch als beunruhigend empfinden. Dies ist die Welt der Musikliebhaber. Um sich in ihr zurechtzufinden, muß niemand die Mathematik der Musikinstrumente verstehen. Die Töne sind gewissermaßen Botschaften aus der darunterliegenden Welt der schwingenden Körper. Die aber ist eine mathematische Welt.

So ähnlich verhält es sich auch mit den Atomen und ihren Bestandteilen. Die Teilchen, die von irgendwo herkommen, die Lichtblitze, die irgendwo ausgesandt wurden, kann man in etwa mit den Tönen in der Welt des Musikliebhabers vergleichen. Sie bilden die wahrnehmbare Welt. Genauso wie hinter jedem Musikstück die Mathematik der Tonerzeugung steht, gibt es auch bei den Atomen eine darunter liegende mathematische Welt, in der man die beobachteten Erscheinungen berechnen kann. In ihr spielen die unendlich vielen Zahlen, auch die ganz dicht beieinander stehenden, eine entscheidende Rolle. Obwohl die Atome nicht beliebig nahe beieinander stehen, benötigen die Physiker zu ihrer Berechnung unendlich dicht beieinander stehende Zahlen.

211

Bei der Entdeckung der Quantenmechanik begannen am Anfang des 20. Jahrhunderts zwei Physiker unabhängig voneinander und von ganz verschiedenen Richtungen her die Welt der Atome zu beschreiben. Der österreichische Physiker Erwin Schrödinger (1887–1981) fand, daß die Mathematik der schwingenden Saite, die schon lange zuvor entwickelt worden war, mit einigen Abänderungen auch das Verhalten der Materie im Kleinen beschreibt. Als der andere Physiker, der 24jährige Werner Heisenberg, in Deutschland das Problem aufgriff, entwickelte er ein mathematisches Werkzeug, das sich am besten im Hilbert-Raum [vgl. Seite 195], also in einem Raum mit unendlich vielen Dimensionen, beschreiben läßt. Nicht daß damit gemeint wäre, es gäbe neben unseren drei Raumdimensionen noch unendlich viele – darüber weiß man nichts. Heisenbergs komplizierte mathematische Formeln erscheinen nur in einem unendlich dimensionalen Raum verhältnismäßig einfach.

»Jetzt habe ich aber immer noch nicht begriffen, was dein Ausflug in die Musik eigentlich sollte«, sagte Alex.

»Du sitzt im Konzert und hörst die Töne«, erklärte ich ihm, »dazu brauchst du nichts über das Unendliche zu wissen. Du denkst weder über die Längen der Saiten nach, noch über deren Spannungen. Wenn du aber genauer wissen willst, wie die Töne entstehen, dann mußt du in die Welt der Infinitesimalrechnung eindringen, in der das Unendliche eine wichtige Rolle spielt. Genauso kannst du die unscharfe Welt der kleinsten Teilchen nur mit mathematischen Methoden erfassen. Bei denen kommst du nicht um das Unendliche herum.«

»Komisch, eigentlich gibt es gar nichts unendlich Kleines«, warf Alex ein. »Wenn ich richtig verstanden habe, wird aber dann das Unendliche doch wieder wichtig.«

13. Das unendlich große Weltall

»Und wie ist es, wenn ich nachts zum Himmel schaue, was ist hinter den Sternen?« wollte Alex in der folgenden Woche wissen. »Geht es dann immer weiter? Steckt dort oben ganz hinten irgendwo das Unendliche?«

»Langsam«, antwortete ich, »wir wollen uns erst einmal einen Überblick verschaffen, was es in endlicher Entfernung gibt. Wie groß ist die Erde?«

»Durchmesser: etwa 12 740 Kilometer – das hatten wir schon mal.«

»Richtig«, sagte ich. »Was meinst du, wie lange ein Lichtstrahl für diese Strecke benötigen würde? Er legt in der Sekunde 299 792 458 Meter, also etwa 300 000 Kilometer zurück.«

In der letzten Zeit habe ich Alex nie ohne Taschenrechner gesehen, so gab er gleich die Antwort:

»Etwas mehr als vier Hundertstel Sekunden.«

»Gut! Zum Mond braucht er etwa eineinhalb Sekunden, und ein Lichtstrahl von der Sonne war 8 Minuten unterwegs, wenn er dir am Strand auf den Bauch fällt. Gehen wir weiter hinaus: Was kommt draußen?«

»Die Planeten, Mars und Jupiter und die anderen.«

»Jeder von ihnen umkreist die Sonne. Funksignale bewegen sich mit derselben Geschwindigkeit durch den Raum wie das Licht. Von Raumsonden, die von der Erde zu anderen Planeten geschickt worden sind, kann das Signal zur Erde zurück Minuten oder Stunden unterwegs sein. Ebenso lange brauchen die Fotos, die sie uns per Funk senden.«

»So lange? Wenn ich in meinem Zimmer das Licht anknipse, ist es doch im gleichen Augenblick hell bis in die hinterste Ecke, und da soll es Stunden dauern, bis das Licht irgendwo ankommt?«

»Stunden? Das ist noch gar nichts. Die Sonne steht nicht allein im Weltall. Vom nächsten Stern braucht das Licht zu uns vier Jahre. Es gibt aber viel mehr Sterne. Wenn in einer klaren Nacht die Stadtlichter nicht stören und der Mond nicht am Himmel steht, siehst du Tausende. Für die Entfernungen zu ihnen haben sich die Astronomen ein eigenes Längenmaß zurechtgelegt, das *Lichtjahr*. Es ist die Strecke, die das Licht in einem Jahr zurücklegt.«

»Wie viele Kilometer sind das?« fragte Alex.

»Etwa 9,4605 Billionen Kilometer, in Ziffern 9 460 500 000 000, also etwa $9,5 \times 10^{12}$.«

»Und solche Entfernungen kann man messen?«

»Ja. Bis hinaus in Entfernungen von Milliarden Lichtjahren gibt es Sterne. Wenn ihr Licht uns erreicht, ist es Milliarden Jahre unterwegs gewesen.«[*]

---

[*] Die in diesem Kapitel behandelten kosmologischen Probleme habe ich in meinem kleinen Buch *Kosmologie für die Westentasche* (Piper Verlag 2003) ausführlicher beschrieben.

Die Scheibe der Milchstraße

»Und geht das dann immer so weiter?« unterbrach mich Alex, »kommen weiter draußen immer mehr Sterne?«

»Ja, aber sie sind nicht gleichförmig im Raum verteilt. Wir befinden uns in einer Ansammlung von etwa 100 Milliarden Sternen, die über ein flaches Raumgebiet verteilt sind. Es hat die Form einer riesigen Scheibe. Ihr Durchmesser liegt bei etwa 100 000 Lichtjahren, ihre Dicke bei etwa 10 000 Lichtjahren. Du kannst die Scheibe übrigens direkt sehen.«

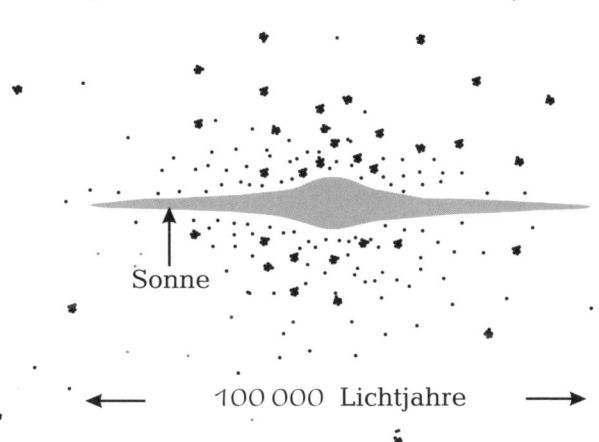

Abb. 13.1 Unser Milchstraßensystem besteht aus der Scheibe der Milchstraße (grau, hier von der Seite gesehen) mit etwa 100 Milliarden Sternen. Die Sonne steht nicht im Zentrum. Zum System gehört noch ein kugelförmiges Raumgebiet um die Scheibe herum mit dünn verteilten einzelnen Sternen und Kugelsternhaufen (das sind Gruppen von bis zu einer Million Sternen, auf engem Raum zusammengedrängt).

217

»Wie denn das?«

»Hast du noch nie die Milchstraße gesehen?«

»Doch, letztes Jahr in den Ferien am Meer.«

»Das Band der Milchstraße zieht sich über den ganzen Himmel. Es sagt uns, daß wir inmitten einer von Sternen angefüllten flachen Scheibe stehen. Wenn wir quer durch die Scheibe zu ihrer Kante schauen, sehen wir besonders viele Sterne. Deren Licht verschmilzt zu einem weißlichen Streifen, der über den Nord- und den Südhimmel geht, das ist die Milchstraße. Tatsächlich erkennst du im Fernrohr, daß sie aus unzähligen Sternen besteht, die mit dem bloßen Auge nicht einzeln zu erkennen sind.«

»Und was ist noch weiter draußen?« fragte Alex. »Ist der Raum dort leer, schwarz und dunkel, oder stehen dort auch wieder Sterne, und geht das dann so immer weiter bis ins Unendliche?«

Unendlich viele Weltinseln

»Auf den ersten Blick spricht alles dafür, daß unsere Milchstraßenscheibe im sonst leeren Raum steht, denn das würde ein Rätsel lösen, vor dem die Astronomen schon vor Jahrhunderten standen«, antwortete ich. »Nehmen wir an, die Welt wäre seit eh und je gleichmäßig mit Sternen angefüllt. Dann sähen wir immer wieder auf die Oberflächen leuchtender Sterne, gleichgültig ob es Tag ist oder Nacht, in welche Richtung wir unseren Blick auch wenden. Der ganze Himmel wäre zusammengesetzt aus vielen Milliarden kleiner, sich teilweise überdeckender Sternscheibchen, von denen jedes gleißend hell ist wie ein kleines Stück Sonnenoberfläche. Da der Nachthimmel nun aber dunkel ist, könnte man schließen, daß der Raum außerhalb der Scheibe unseres Milchstraßensystems leer ist.«

»Wir schauen also an den Sternen vorbei hinaus in den dunklen Raum? Und der Himmel zwischen den Sternen ist schwarz, weil es dort draußen keine Sterne mehr gibt?«

»Nicht ganz«, warf ich ein. »Im Fernrohr sieht man gelegentlich zwischen den Sternen kleine neblige Wölkchen, die manchmal kreisrund sind, manchmal die Form einer Ellipse haben. Die Astro-

Abb. 13.2   Der *Andromedanebel* steht in einer Entfernung von zwei Millionen Lichtjahren. Milliarden von Sternen erfüllen eine flache Scheibe, ähnlich der Scheibe unseres eigenen Milchstraßensystems. Sie sind hier nicht einzeln zu erkennen. Die Einzelsterne im Bild stehen im Vordergrund, sie gehören zu unserem Milchstraßensystem.

nomen hielten sie lange Zeit für Nebelschwaden, die zwischen den Sternen unseres Milchstraßensystems stehen sollten. Seit etwa 80 Jahren wissen wir aber, daß die kreis- und ellipsenförmigen Nebelflecke genauso Sternsysteme sind wie unser Milchstraßensystem. Sie stehen viel weiter draußen im Raum und enthalten gleichfalls Milliarden Sterne. Um das nächste dieser fernen Sternsysteme zu sehen, brauchst du übrigens nicht einmal einen Feldstecher, du kannst es in einer mondlosen Winternacht mit freiem Auge im Sternbild Andromeda finden. Obwohl dieses Wölkchen kein Nebel ist, sondern aus Milliarden Sternen besteht, nennt man es weiterhin *Andromedanebel*.

Das Licht, das heute in dein Auge fällt, ist vor zwei Millionen Jahren von dort ausgesandt worden. Auf der Erde begannen die Hominiden damals damit, einfache Werkzeuge aus Steinen anzufertigen.«

»Und seither war das Licht unterwegs?«

Licht geht durch Raum und Weltgeschichte

»Das Licht des Andromedanebels durcheilte den leeren Raum, als die Menschen auf der Erde das Feuer nutzbar machten. Es hatte schon nahezu die Ausläufer unseres Milchstraßensystems erreicht, als unsere Vorfahren begannen, ihre Toten zu bestatten. Es durcheilte unser Sternsystem, als sie lernten, Ackerbau zu treiben, Gegenstände aus Ton zu formen und mit Verzierungen zu versehen. Es war noch unterwegs, als sie Werkzeuge und Waffen aus

Bronze und Eisen schmiedeten. Als es uns schon fast erreicht hatte, mühte sich Archimedes damit ab, seinem Königssohn einen Eindruck von der Anzahl der Sandkörner zu vermitteln. Als Jesus Christus die Bergpredigt hielt, mußten immer noch zwei Jahrtausende vergehen, bis das Licht des Andromedanebels in dein Auge fallen konnte. Heute wissen wir, daß es viele solcher Weltinseln wie den Andromedanebel gibt, mehr, als die Astronomen bisher zählen konnten. Vielleicht gibt es unendlich viele.«

»Na, dann hast du das Problem mit dem Nachthimmel schon wieder«, warf Alex ein.

Da hatte er recht. Wenn das Weltall bis in die Unendlichkeit mit Sternsystemen ausgefüllt ist, dann schaue ich stets auf einen Stern in solch einer Weltinsel. Wenn der Blick die Sterne in einer verfehlt, geht er zwischen ihnen durch und trifft auf einen Stern in einem dahinterstehenden Sternsystem. Der Nachthimmel müßte also überall gleißend hell sein.

Aber Alex blieb hartnäckig:

»Nachts wird es doch dunkel!«

Mir war klar, daß ich weiter ausholen mußte.

Wenn der Wald vor lauter Bäumen nicht zu sehen ist

»Sehen wir erstmal, was es mit den sich überdeckenden Sternscheibchen auf sich hat«, begann ich. »Stell dir vor, du stehst in einem Wald. Wohin du auch blickst, nichts als Baumstämme. Die nahen siehst du einzeln. Sie verdecken aber die dahinter

Abb. 13.3   Der Blick in einen Wald. Man sieht nur so weit, wie sich die Baumstämme nicht gegenseitig verdecken.

stehenden. Dein Blick reicht also nur bis in eine bestimmte Entfernung.«

Ich machte eine Skizze mit Blick von oben auf den Wald [vgl. Abb. 13.4]. Die Baumstämme waren schwarze Kreise.

»Wir können die Baumstämme nur bis zu einer gewissen Entfernung sehen. Die Stämme weiter draußen sind verdeckt. Ich will diese kritische Entfernung die *Deckentfernung* nennen. Je dichter die Bäume stehen, um so kleiner ist die Deckentfernung.«

»Okay«, sagte Alex, »und was machen wir damit?«

»Wenn das Weltall bis ins Unendliche mit Sternen ausgefüllt ist, gibt es auch bei ihnen eine Deckentfernung. Was dahinter ist, wird von den davorstehenden Sternen verdeckt.«

»Na und? – wie weit ist denn diese Deckentfernung?«

»Sie liegt ungefähr bei 10^{43} Lichtjahren.«

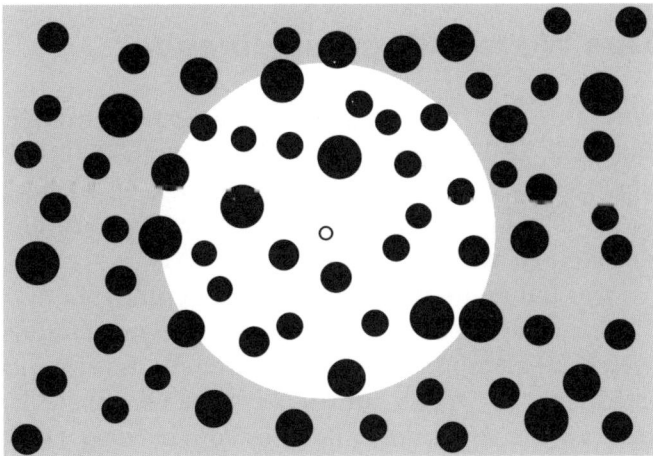

Abb. 13.4   Der Blick von oben auf die Baumstämme eines Waldes. Wer in der Mitte des Bildes steht, kann die Stämme nur bis zu einer bestimmten Entfernung, der Deckentfernung, einzeln sehen. Dahinter (im Bild angedeutet durch den grauen Hintergrund) verdecken die vorderen Stämme den Blick auf die hinteren.

»Also«, sagte Alex, »wenn das Weltall unendlich ist, dann sehen wir in dieser Entfernung nur noch einander überdeckende Sternscheibchen, und der Himmel müßte dann ganz hell leuchten. Tut er aber nicht. Also können die Sterne nicht bis ins Unendliche im Raum stehen. Irgendwo muß mal Schluß sein.«

»Falsch! Du hast etwas vergessen: Wenn du in den Raum hinausschaust, blickst du gleichzeitig in die Vergangenheit. In der Deckentfernung siehst du das Weltall, wie es vor 10^{43} Jahren war. Nur wenn damals schon Sterne den Raum erfüllten, wäre unser Nachthimmel hell.«

»Gab es damals noch keine Sterne?« fragte Alex etwas verunsichert.

Das Weltall fliegt auseinander

»Im Jahre 1929 machte der amerikanische Astronom
Edwin P. Hubble eine große Entdeckung. Er lebte
von 1889 bis 1953 und hatte das Glück, in Kalifornien viele Jahre mit dem damals größten Fernrohr
der Welt zu arbeiten«, sagte ich.

»Was hat er denn so Aufregendes gefunden?«

»Er entdeckte, daß alle Sternsysteme voneinander
wegfliegen, daß sich das ganze Weltall also ständig
ausdehnt. Je weiter ein Sternsystem von uns entfernt ist, um so schneller fliegt es von uns weg. Doppelte Entfernung – doppelte Geschwindigkeit, dreifache Entfernung – dreifache Geschwindigkeit, und
immer von uns weg. Diese Regel nennen die Astronomen das *Hubblesche Gesetz*. Heute wissen wir
von Sternsystemen so weit draußen, daß sie sich
nahezu mit Lichtgeschwindigkeit von uns entfernen.«

»Und wohin fliegen sie?« wollte Alex wissen.

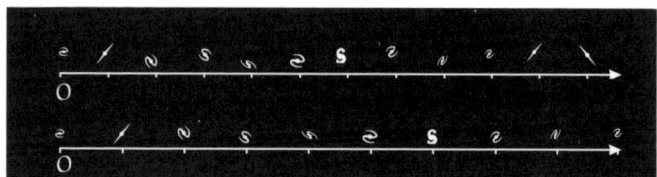

Abb. 13.5 Schema der kosmischen Expansion. Längs des
Zahlenstrahls sind Sternsysteme in den verschiedensten Formen schematisch dargestellt. Der Beobachter steht im Sternsystem links (am Nullpunkt des Zahlenstrahls) und sieht, wie
sich alle anderen Systeme vom ihm wegbewegen. *Oben:* heute.
Unten: einige Zeit später. Die Systeme entfernen sich vom Nullpunkt *(links)* und gleichzeitig voneinander.

224

»Es sieht so aus, als wäre das Weltall unendlich groß. Dann darfst du aber nicht fragen, wohin sie fliegen. In einem unendlich großen Raum ist genügend Platz, genau wie in Hilberts Hotel.« [Vgl. Abb. 4.4, 10.12 und 13.5]

»Aber vorstellen kann ich mir das nicht.«

»Ich dachte, du hättest dich inzwischen daran gewöhnt, daß du dir vieles nicht anschaulich vorstellen kannst. Stell dir doch eine Reihe von Sternsystemen längs des Zahlenstrahls vor, jedes dort, wo eine natürliche Zahl hingehört. Ihr Abstand von der 0 möge mit der Zeit anwachsen. Die weiter rechts stehenden Sternsysteme bewegen sich schneller von der Null weg als die näheren. Die Sternsysteme auf dem Strahl fliegen voneinander weg, genauso wie das Hubblesche Gesetz es befiehlt. Da beunruhigt dich doch die Frage nicht, wohin sie fliegen – natürlich ins Unendliche.«

»Und was hat das mit dem dunklen Nachthimmel zu tun? Warum schauen wir nicht beim Blick zum Himmel immer auf ein Sternscheibchen? Ob es sich bewegt oder nicht, spielt doch keine Rolle«, warf Alex ein.

»Langsam, wir müssen uns erst einmal darüber klar werden, was das Hubblesche Gesetz bedeutet. Da die Sternsysteme sich ständig voneinander entfernen, bedeutet es, daß sich die Materiedichte im Weltall ständig verringert. Daraus können wir berechnen, wann diese Verdünnung begonnen hat. Dichter als unendlich kann sie in der Vergangenheit ja nicht gewesen sein. Wenn wir zurückrechnen, finden wir heraus, wann das gewesen ist.«

»Und wann war das?«

»Vor etwa 14 Milliarden Jahren.«

Alex schaute mich kritisch an. »Du willst mir doch nicht weismachen, daß irgend jemand etwa weiß, wie die Welt damals gewesen ist, als die Dichte im Weltall unendlich oder auch nur annähernd so dicht war.«

»Du hast völlig recht«, stimmte ich ihm bei, »ich muß mich genauer ausdrücken. Ich meine, die Welt sieht heute so aus, als ob sie vor 14 Milliarden Jahren aus einer den ganzen unendlichen Raum erfüllenden Urexplosion entstanden wäre. Man nennt sie den *Urknall*.«

»Und ich warte immer noch darauf, warum deiner Meinung nach der Nachthimmel dunkel ist.«

Der Blick in die Vergangenheit

»Du hast mir erzählt, daß das Licht vom Andromedanebel zu uns zwei Millionen Jahre unterwegs ist«, sagte Alex. »Wir sehen ihn also gar nicht so, wie er heute ist, sondern so wie vor zwei Millionen Jahren.«

Und als ich nicht widersprach:

»Du hast mir gesagt, daß wir Sternsysteme sehen, von denen das Licht zu uns Milliarden Jahre braucht. Dann wissen wir ja gar nicht, ob es die Sterne dort heute überhaupt noch gibt. Es könnte ja sein, daß sie längst verschwunden sind. Befassen sich die Astronomen mit Dingen, von denen sie nicht einmal wissen, ob es sie heute noch gibt?«

»Das tust du im täglichen Leben doch auch«, entgegnete ich.

»Ich auch? Das erklär mir erst mal!«

»Stell dir vor, du fährst mit deinem Fahrrad nachts ohne Licht und siehst hundert Meter vor dir an der Kreuzung einen Verkehrspolizisten stehen.«

»Na und? Ich steig schnell ab und schiebe das Rad.«

»Warum denn? Du weißt doch, daß das Licht Zeit braucht, um vom Polizisten zu dir zu kommen, es sind etwa drei Zehnmillionstel Sekunden. Du weißt nur, daß vor drei Zehnmillionstel Sekunden dort ein Polizist stand, nicht aber, daß er jetzt noch dort steht. Warum steigst du ab?«

»Das ist vielleicht eine blöde Frage! Verkehrspolizisten verschwinden doch nicht innerhalb von Millionstel Sekunden.« Er schaute mich provozierend an.

»Aber genauso ist es mit Sternen und Sternsystemen«, beruhigte ich ihn. »Sie leben viele Milliarden Jahre sozusagen vor sich hin. Wenn ich ein Sternsystem in zehn Milliarden Lichtjahren Entfernung erblicke, dann sehe ich es zwar nicht so, wie es heute ist, sondern so, wie es vor zehn Milliarden Jahren ausgesehen hat. Doch verschwunden ist es inzwischen ebensowenig wie dein Polizist.

Wenn wir aber in den Raum hinausblicken, können wir nicht weiter sehen als 14 Milliarden Lichtjahre. Wir sehen dort an den Anfang der Welt. Damals, vor mehr als 14 Milliarden Jahren, gab es noch gar keine Sterne, die entstanden erst später.«

»Und was hat das mit dem dunklen Nachthimmel zu tun?« fragte Alex ungeduldig.

Warum das Unendliche pechschwarz ist

»Wenn wir auf den Sternhimmel schauen, dann blicken wir bis in eine Vergangenheit zurück, zu der die Sterne entstanden sind. Weiter draußen schauen wir in eine Zeit zurück, in der keine Sterne zu sehen sind. Nicht, weil es dort heute keine Sterne gibt, sondern weil es damals noch gar keine Sterne gab, deren Licht uns heute erreichen könnte. Deshalb überdecken sich die Sternscheibchen nicht, und deshalb können sie den Nachthimmel nicht gleißend hell machen.«[*]

»Dann können wir also gar nicht ins Unendliche schauen?«

»Nein, wenn der Urknall vor 14 Milliarden Jahren stattfand, dann können wir nicht weiter als 14 Milliarden Lichtjahre zurückschauen.«

»Ist dann dort die Welt zu Ende?« fragte Alex.

---

[*] Damit ist erklärt, warum der Himmel nicht von sich überdeckenden Sternscheibchen erfüllt ist. Wir schauen an den Sternen vorbei in eine dunkle Epoche vor der Entstehung der ersten Sterne. Nach den Vorstellungen der Astronomen begann aber der Urknall mit einem grellen Strahlungsblitz. Wenn wir an den Sternen vorbei in die frühesten Epochen des Weltalls blicken, müßten wir diese Strahlung des Urknalls sehen. Daß der Himmel zwischen den Sternen trotzdem schwarz ist, liegt daran, daß diese Strahlung auf dem Weg zu uns durch die Expansion des Weltalls langwellig geworden ist. Sie kommt als Mikrowellenstrahlung zu uns, für die unser Auge blind ist. Es ist dies die sogenannte *kosmische Hintergrundstrahlung*; sie bringt uns Kunde von den Vorgängen im Weltall, als es noch keine Sterne gab.

»Nein, es spricht viel dafür, daß das Weltall unendlich ist. Nur der Raum, aus dem wir heute Licht bekommen, ist endlich.«

»Heißt das, daß wir nur bis in eine Entfernung von etwa 14 Milliarden Lichtjahren blicken können, und dahinter ist Schluß?«

»Ich sage nicht, daß dahinter nichts mehr ist, wir können es nur nicht sehen.«

Alex schaute nicht gerade glücklich aus.

»Na, dahinter muß doch auch noch irgend etwas sein. Gibt es keine anderen Möglichkeiten, zu erfahren, was dahinter ist?«

»Alle uns bekannten Strahlen bewegen sich nicht schneller als das Licht. Auch mit ihnen können wir nicht weiter hinausschauen, denn die Strahlung von weiter draußen hat uns seit dem Urknall noch gar nicht erreicht.«

»Aber da muß es doch noch irgend etwas geben, wenn wir es auch nicht sehen können.«

»Geben schon, nur – wenn wir von dort nicht das geringste erfahren können, dann können wir auch nichts darüber sagen. Du magst dir ausmalen, wie die Welt dort draußen aussehen könnte. Aber du wirst nie wissen, ob du recht hast oder nicht. Du kannst zum Beispiel behaupten, dort draußen wäre die Welt mit Brettern vernagelt. Das kannst du zwar nicht beweisen, es kann dich aber auch niemand widerlegen. Es macht also keinen Sinn, sich darüber den Kopf zu zerbrechen.«

Das Unendliche im Bauch

Es folgte eine lange Pause, in der Alex tief Luft holte.

»Trotzdem will ich wissen, wie das Weltall da draußen aussieht. Du kannst mir hundertmal beweisen, daß es keinen Sinn macht, danach zu fragen. Die Welt muß dort draußen aber doch irgendwie beschaffen sein.

So geht es mir mit vielen Dingen, über die wir geredet haben. Du hast mir bewiesen, daß es gleich viele gerade Zahlen gibt wie gerade und ungerade zusammen. Das habe ich *verstanden.* Trotzdem *spüre* ich, daß du dabei irgendwie gemogelt hast. Du hast bewiesen, daß es nicht mehr Brüche gibt als ganze Zahlen. Ich konnte nichts dagegen sagen, aber so richtig glauben konnte ich das auch nicht.«

Ich versuchte, ihn zu beruhigen. »Dein Gefühl kommt aus deiner Erfahrung im täglichen Leben. Da kommt das Unendliche nicht vor, und deshalb findest du seine Eigenschaften fremdartig.«

»Du hast einmal gesagt, ich hätte das Unendliche in meinem Kopf. Mit dem Kopf konnte ich dir folgen, wenn auch manchmal nur mit Mühe. Fast immer war das Unendliche aber anders, als ich es mir vorgestellt habe. Immer wieder kam es mir vor, als ob da irgendwas nicht stimmen kann. Das kam so aus dem Bauch raus.

Ich glaube, das Unendliche in meinem Kopf ist jetzt ganz anders als das Unendliche in...« – Alex lachte – »...als das Unendliche in meinem Bauch!«

Anhang A:
Vorsicht bei Reihen, die über alle Grenzen wachsen!

Um die von Alex auf Seite 112 aufgeworfene Frage zu beantworten, versuchen wir, die Summe S der Reihe

$$S = 1 + 2 + 4 + 8 + 16 + \ldots$$

nach der dort beschriebenen Methode zu bestimmen. Jedes Glied erhält man durch Multiplikation des vorangehenden mit $q = 2$.

$$S = \qquad 2 + 4 + 8 + 16 + \ldots$$
$$2 \times S = 1 + 2 + 4 + 8 + 16 + \ldots$$

Wenn wir jetzt die beiden Reihen voneinander abziehen wollen, bekommen wir links $-S$. Rechts aber kommen wir in Schwierigkeiten, denn dort steht jeweils eine unendliche Summe. Wenn wir die untereinanderstehenden gleichen Zahlen einzeln voneinander abziehen, erhalten wir als Differenz -1, wenn wir aber erst die Glieder jeder Reihe zusammenzählen und dann die Ergebnisse abziehen, erhalten wir $\infty - \infty$, aber das kann jede beliebige Zahl sein. Wir stoßen wieder auf das Problem, daß es bei divergenten Reihen auf die Reihenfolge ankommt, in der wir die einzelnen Rechenschritte ausführen. Deshalb versagt bei divergenten Reihen das Verfahren, das wir bei konvergenten geometrischen Reihen erfolgreich benutzen können.

Anhang B:
Pi für Heimwerker

Wenn wir die Zahl π entsprechend der Vorschrift auf den Seiten 122–125 bestimmen wollen, geschieht das schrittweise mit aufeinanderfolgenden Vielecken, von denen jedes die doppelte Anzahl von Seiten besitzt wie das vorangehende. Wir hatten dort gesehen, wie man den Umfang jedes Vieleckes mit mehrfacher Benutzung des Satzes von Pythagoras berechnen kann. Daraus folgt eine Vorschrift zur Berechnung von π, der wir jetzt folgen wollen:

In jedem Schritt berechnen wir aus den Zahlen des vorangegangenen Schrittes drei neue Zahlen:

1. die Anzahl der Seiten des Vielecks,
2. die Seitenlänge,
3. den Umfang (= Seitenzahl × Seitenlänge).

Wir beginnen mit dem regelmäßigen Sechseck, das in einen Kreis eingeschrieben ist (vgl. Abb. 8.4). Der Durchmesser des Kreises soll die Länge 1 haben (ob das ein Meter oder ein Kilometer ist, spielt keine Rolle. In welcher Längeneinheit wir den Durchmesser auch messen, der Umfang des Vieleckes, im gleichen Längenmaß gemessen, wird sich mit wachsender Seitenzahl der Zahl π nähern). Da das Sechseck aus sechs gleichseitigen Dreiecken besteht, ist die Seitenlänge des Sechseckes 1/2. Wir haben also

Seitenzahl = 6, Seitenlänge = 1/2 und Umfang = 3

Jetzt geht es weiter. Wir nennen diese bisherigen Werte für Seitenzahl, Seitenlänge und Umfang *alt* und berechnen daraus die *neuen* Größen für das Vieleck doppelter Seitenzahl.

1. Die *neue* Seitenzahl ist das Doppelte der *alten*.

2. Die neue Seitenlänge erhalten wir nach folgender Regel: Nimm die alte Seitenlänge zum Quadrat und zieh das Ergebnis von der 1 ab. Zieh daraus die Wurzel und zieh das Ergebnis von der 1 ab. Dividiere durch 2 und zieh daraus die Wurzel. Das Ergebnis ist die neue Seitenlänge.

3. Der neue Umfang ist neue Seitenzahl × neue Seitenlänge.

4. Danach nennen wir die drei eben erhaltenen neuen Größen alt und berechnen die neuen, indem wir wieder bei Schritt 1 beginnen.

Hatten wir beim Sechseck den Umfang 3, so wird er beim Zwölfeck im nächsten Schritt 3,10583. Von Schritt zu Schritt erhalten wir weiter:

234

3,13263

3,13935

3,14103

3,14145

3,14156

3,14158

Für das 1536-Eck erhalten wir den Umfang 3,14159. Je mehr sich also unser Vieleck an den Kreis anschmiegt, um so mehr nähert sich sein Umfang der Zahl π. Im Prinzip kann sie mit der hier beschriebenen Methode auf beliebig viele Dezimalstellen genau bestimmt werden.

Anhang C:
Für den, der mehr wissen will

Literatur:

Drösser, Christoph, *Wie groß ist Unendlich?* Rowohlt Taschenbuch Verlag, Reinbek 2005 (eine Einführung für Kinder)

Eli, Maor, *Dem Unendlichen auf der Spur*, Birkhäuser, Basel 1986

Kanigl, Robert, *Der das Unendliche kannte*, Vieweg, Braunschweig, 2. Auflage 1995 (eine Biographie von Srinivasa Ramanujan)

Lauwerier, Hans, *Unendlichkeit, Denken im Grenzenlosen*, Rowohlt Taschenbuch Verlag, Reinbek 1993

Spektrum der Wissenschaft Spezial: *Das Unendliche*, Spektrum der Wissenschaft Verlagsgesellschaft, Heidelberg 2001 (eine Sammlung ausgezeichneter, nicht immer leichter Aufsätze zum Thema von Wissenschaftlern aus Mathematik, Physik und Astrophysik)

Internet:

Um in der Folge der Dezimalstellen von π Ihren Geburtstag zu finden, wählen Sie im Internet http:// www.pisearch.de.vu/. Dann wird nach der Eingabe gefragt. Für den 6. Dezember 2006 geben Sie zum Beispiel die Ziffernfolge 06122006 ein. Irgendwo in der Ferne rechnet dann fieberhaft ein Computer für Sie und präsentiert dann stolz das Ergebnis.

Das Anwachsen der Weltbevölkerung zeigt das Internet unter www.weltbevoelkerung.de. Das ist die Webseite der Deutschen Stiftung Weltbevölkerung. Klicken Sie dort den Eintrag Info Service an, und es erscheint die sich ständig vergrößernde Anzahl der Erdbewohner.

Bildquellen

(Nicht in allen Fällen konnten die Bildquellen ermittelt werden. Wir bitten gegebenenfalls um Hinweise an den Verlag.)

Abb. 3.4 und 10.2: »Neues Wilhelm Busch Album«, Verlagsanstalt Hermann Klemm AG, Berlin

Abb. 6.1: aus Georg Cantor, Acta Historica Leopoldina 1983

Abb. 10.8: akg-images/Gerhard Ruf

Abb. 11.6: Mathematisches Institut der Universität Göttingen

Abb. 13.2: R. Gendler

Die übrigen Bilder stammen aus dem Bildarchiv des Autors.

Bei der Abbildung 4.2 wurden Motive aus der Clipart-Sammlung von CorelDraw verwendet.

Alle Grafiken stammen vom Autor.

Register

Abbott, Edwin A. 179, 181, 190, 193

Achill 105 ff.

Aleph, Formelzeichen 98

Andromedanebel 219 ff., 226

Archimedes 33 ff., 121, 126, 138, 221

Atom 195, 198 ff., 204 ff.

Beutelspacher, Albrecht 132

Billion 24 ff.

Brüche 87 f., 93 ff., 197, 200, 230

Busch, Wilhelm 149 f.

Cantor, Georg 57, 64, 94 f., 98 ff., 134

Crookes, William 192

Deckentfernung 222 f.

Demokrit 198 f.

Dezimalbruch 71 f., 77, 85 ff.

Dezimaldarstellung 22, 72

Dezimalzahl 66, 71 f., 75 ff., 85 ff., 93, 95 ff., 140

Dimension, höhere 188 f., 191, 212

Dimension, vierte 188 ff., 193 ff.

Dorfbarbier 49 ff.

Dreiecke, rechtwinklige 116 ff., 122 ff., 137

Dreieckszahlen 42

Einstein, Albert 129, 134

Elektronen 204, 207

Element einer Menge 49, 51 ff., 61, 64 ff., 95, 99 f.

Epikur 16

Euklid 149

Flächenland 179, 181 ff., 187 f., 190 f., 193, 195

Fluchtpunkt 153 f., 156 f.

Gaarder, Jostein 199

Galilei, Galileo 94

Gamow, George 5, 12

Gauß, Carl Friedrich 40 f., 110

Geometrie, euklidische 149, 151, 161

Geometrie, projektive 149, 151, 158, 162

241

Gerade, unendlich ferne 154

Großkreise 161 f.

Grundschwingung 209 f.

Hardy, Godfrey Harold 127, 129 f.

Häufungspunkt 70, 92 f.

Heisenberg, Werner 206, 212

Hilbert, David 57, 194 f., 225

Hilbert-Raum 212

Hilberts Hotel 56 ff., 61 f., 15, 195, 225

Hintergrundstrahlung, kosmische 228

Hohlwelt 12, 173 f.

Hubble, Edwin P. 224

Hubblesches Gesetz 224 f.

Hypotenuse 116 ff., 123 ff., 137

Induktion, vollständige 47, 53

Infinitesimalrechnung 11, 210, 213

Inversion, am Kreis 169

Inversion, an der Kugel 171

Iteration 92

Kathete 116 ff., 125, 137

Knotenpunkt 210

Koordinatensystem 136, 138

Leukipp 198

Licht, ultraviolettes 201 f.

Lichtgeschwindigkeit 224

Lichtjahr 216, 219, 222, 227 ff.

Lichtquanten 202, 204

Lichtwellen 201

Linienland 181 ff., 188

Mächtigkeit 64 f., 98, 100 f.

Mathematikum (in Gießen) 132 f.

Menge 48 ff., 60 ff.

Menge, abzählbare 61, 93, 95 ff., 100

Meridiane 161, 164, 187

Milchstraße 217 ff.

Milliarde 25

Napoleon I. 157 f., 192, 194

Neutronen 207

Oberschwingungen 209 f.

Parabel 137 ff., 145

parallel 103, 147 ff., 151 ff., 162

Parallelkreise 161 f., 163

Perspektive 157

Pi (π) 126 f., 130 f., 131, 133 ff.

Poncelet, Jean-Victor 157 f.

Potenzschreibweise 26 f., 32, 34, 46

Projektion, stereo-graphische 163 f.

242

Protonen 207
Punkt, unendlich ferner
102
Pythagoras 118ff., 122ff.,
137, 190, 233

Quadratwurzel 89ff., 92f.,
137, 234
Quadrillion 25ff.
Quantenmechanik 195,
206, 208, 212
Quarks 207
Quintillion 25ff., 38, 41,
48, 53

Ramanujan, Srinivasa
128ff., 237
Raumland 182
Reihe, divergente 111, 231
Reihe, geometrische 110ff.
Reihe, harmonische 108ff.
Reihe, konvergente 111,
127, 231
Reihe, unendliche 108ff.,
130
Ringelnatz, Joachim 147

Sauerampfer 147ff.
Schach 13, 28ff.
Schrödinger, Erwin 212
Shiram 28
Sisyphos 19
Spoerl, Heinrich 107

Sternschnuppen 154f.
Sternsysteme 220f., 224ff.

Teilchenbeschleuniger
207
Teilmengen 48, 51ff., 99f.
Trillion 24ff., 38, 207
Tschaturanga 29
Türme von Hanoi 42ff., 48

unendlich, aktual 21ff.
unendlich, potentiell 20f.
Unschärferelation 206
Urknall 226, 228f.
Ursprung 135ff.

Wallis, John 65
Weltbevölkerung 144, 238

Zahlen, allgemeine 38f.,
42, 111
Zahlen, irrationale 87, 89,
92f., 95, 166, 197, 208
Zahlen, natürliche 81, 84,
88f., 91, 94f., 97, 166,
208, 225
Zahlen, rationale 80f., 87f.,
93, 126, 131, 166, 208
Zahlenstrahl 66ff., 166ff.,
178, 197f., 200, 208, 210,
224f.
Zöllner, Karl Friedrich
192f.

Rudolf Kippenhahn
Amor und der Abstand zur Sonne

Geschichten aus meinem Kosmos. 186 Seiten mit 81 Abbildungen, davon 39 in Farbe. Serie Piper

Astronomie wird wie jede Wissenschaft von Menschen gemacht, sie ist von deren Leben nicht zu trennen. Und sie hat tragische und komische Seiten. Einer der bekanntesten deutschen Astronomen mit weltweiter Anerkennung ist Rudolf Kippenhahn. In vielen Büchern und Vorträgen hat er die Astronomie populär gemacht. Ihn interessieren immer auch die kuriosen Aspekte seiner Wissenschaft. Von ihnen erzählt er in den kleinen Geschichten dieses Buches. Wußten Sie etwa, daß Johannes Hevelius erfolgreicher Bierbrauer und zugleich einer der größten Astronomen seiner Zeit war? Oder daß sein späterer Kollege Karl Friedrich Zöllner Geister beschwor? Wie lassen sich Marssteine und die Bibel in einer Geschichte unterbringen oder die Jungfrau Maria und die Mondkrater? Ob es um die Fingernägel des Kopernikus, um Nostradamus und die Prophezeiung der totalen Sonnenfinsternis von 1999, den Euro, Gauß und Kippenhahns Göttinger Arbeitszimmer oder um das Weltall in der Christbaumkugel geht – in Kippenhahns vergnügten Geschichten werden Sie viel Überraschendes finden.

01/1174/02/R

PIPER

Albrecht Beutelspacher
Mathematik für die Westentasche

Von Abakus bis Zufall. 114 Seiten mit 10 Abbildungen.
Gebunden

Darf der Barbier, der damit wirbt, er rasiere alle, die dies
nicht selbst tun, eigentlich sich selbst rasieren? Was dies mit
Mathematik zu tun hat, erfahren Sie hier. Albrecht
Beutelspacher macht in gut 50 Kapiteln neugierig auf sein
Fach, die so häufig ungeliebte Mathematik. Nach der
Lektüre werden Sie wissen, ob Sie eine Wette darauf riskie-
ren können, daß in einer Schulklasse zwei Kinder am glei-
chen Tag Geburtstag haben. Sie können besser entscheiden,
welche Tippreihen Sie beim Lotto wählen oder besser nicht
wählen sollten. Und Sie werden verstehen, warum
Bienenwaben sechseckig sind, wozu wir das Einmaleins
brauchen, was die Quadratur des Kreises oder das
Ziegenproblem ist.
Albrecht Beutelspacher bietet hier »Mathematik zum
Anfassen«.

01/1145/02/R

PIPER

Rebecca Goldstein
Kurt Gödel

Jahrhundertmathematiker und großer Entdecker. Aus dem
Amerikanischen von Thorsten Schmidt. 320 Seiten mit
3 Abbildungen. Gebunden

»Gödel, Escher, Bach« war der Titel eines Kultbuches der
achtziger Jahre. Wer war eigentlich Kurt Gödel, der am
28. April 1906 in Brünn geboren wurde? Ein Jahrhundert-
genie als Mathematiker, der größte Logiker seit Aristoteles,
ein enger Freund und wichtiger Gesprächspartner von Albert
Einstein in Princeton. Im Jahr 1931 formulierte Gödel seinen Unvollständigkeitssatz, der die Mathematiker schok-
kierte. Er besagt im Kern, daß es keine vollständigen Theo-
rien geben kann. Gödels Entdeckung steht auf einer Stufe mit
Einsteins Relativitätstheorien und Heisenbergs Unbe-
stimmtheitsrelation.
Rebecca Goldstein, Philosophin und Autorin wichtiger Ro-
mane aus dem Wissenschaftsmilieu, zeigt, warum Kurt Gödel,
der 1978 in Princeton starb, zu den größten Genies der
Menschheit gerechnet wird. Sie erzählt von einer außer-
gewöhnlichen Persönlichkeit, die skurrile und später auch
paranoide Züge trug. Der Hirnforscher und Psychologe Steven
Pinker nennt dieses Buch »ein Juwel«.

01/1571/01/R

PIPER

Ian Stewart

Die wunderbare Welt der Mathematik

Aus dem Englischen von Helmut Reuter. 304 Seiten mit 81
Graphiken und zahlreichen Cartoons von Spike Garrell.
Gebunden

Wer könnte besser mit Witz, Phantasie und Verstand über
Mathematik schreiben als der Autor, der die »Scheiben-
welt« und die »Rundwelt« des Fantasy-Stars Terry Pratchett
fachlich fundiert? Denn im wirklichen Leben ist Ian
Stewart Mathematiker und Universitätsprofessor. Sein neues
Buch präsentiert mathematische Rätsel, die das Denk-
vermögen herausfordern und zugleich großen Spaß machen.
Stewart erzählt dazu immer eine kleine Geschichte. Von
logischen Spielereien über merkwürdige Zahlen und
Optimierungen bis hin zu ganz praktischen Fragen führt
Stewarts Reise durch die wunderbare Welt der Mathematik.
Er kann nebenbei plausibel erklären, warum der Toast vom
Tisch immer auf die gebutterte Seite fällt. Unterwegs trifft er
viele merkwürdige Typen, so die äußerst höflichen Mönche
des Perplexer-Ordens, den Steinmetz Klotzklopfer oder zwei
kräftige Möbelpacker.

01/1544/01/R

PIPER

Richard P. Feynman
Absolut vernünftige Abweichungen vom ausgetretenen Pfad

Briefe eines Lebens. Herausgegeben und eingeleitet von
Michelle Feynman. Vorwort von Timothy Ferris. Aus dem
Amerikanischen von Inge Leipold und Helmut Reuter.
512 Seiten mit 65 s/w-Fotos. Gebunden

»Sie belieben wohl zu scherzen, Mr. Feynman!« und »Küm-
mert Sie, was andere Leute denken?«: Diese beiden auto-
biographischen Bücher zeigen den genialen Physiker als abso-
lut ungewöhnlichen und liebenswerten Menschen. Und
jetzt können wir seine persönlichen Briefe lesen. Seine Tochter
Michelle hat diese zum ersten Mal herausgegeben und
kommentiert. Es sind Briefe an seine Eltern, seine kranke Frau
Arline, an Freunde und Kollegen, an Studenten und an Leser. Sehr berührende private Dinge, köstliche Kommentare zu
Leserbriefen, anspruchsvolle Physik im Wechsel mit geist-
reichen Abschweifungen, nachdenkliche und witzige Anmer-
kungen über Gott und die Welt – kurz, der ganze Richard
Feynman, in allen Farben schillernd. Das Leben eines genialen
Menschen ist hier mit großem Gewinn und mit Vergnügen
nachzulesen.

01/1573/01/R

PIPER

Harald Fritzsch

Das absolut Unveränderliche

Die letzten Rätsel der Physik. 320 Seiten mit 41 Abbildungen.
Gebunden

Unser naturwissenschaftliches Weltbild von heute ist entscheidend geprägt von den sogenannten Naturkonstanten. Dazu zählt zum Beispiel die Lichtgeschwindigkeit, die überall im Universum gilt. Auch die Feinstrukturkonstante, die die elektrische Kraft beschreibt, oder die Gravitationskonstante sind Naturkonstanten. Woher kommen sie? Sind sie wirklich unveränderlich und überall gültig? Wie hängen sie miteinander zusammen? Solche Fragen stellen heutige Physiker, wenn sie versuchen, diese letzten Rätsel der Physik, dieses Mysterium der Natur zu erklären. Für Harald Fritzsch ist dies ein zentrales Thema seiner Arbeit. Und er kann verständlich darüber schreiben wie kaum ein zweiter. Wie in seinen letzten beiden Büchern holt er sich erneut Isaac Newton und Albert Einstein zu Hilfe und läßt die beiden Altmeister mit Haller, einem Physiker von heute, diskutieren. Schauplatz ist diesmal Kalifornien. Staunend folgt man als Leser den vergnügten und inhaltsreichen Gesprächen. Dabei versteht man immer besser, was die Physiker an den Naturkonstanten so fasziniert und warum sie diese letzten Rätsel der Physik mit aller Macht lösen wollen.

01/1530/01/R